全国 BIM 应用技能考试培训教材

BIM 建 模

中国建设教育协会　组织编写

中国建筑工业出版社

图书在版编目(CIP)数据

BIM 建模/中国建设教育协会组织编写. —北京:中国建筑工业出版社,2019.5

全国 BIM 应用技能考试培训教材

ISBN 978-7-112-23669-5

Ⅰ.①B… Ⅱ.①中… Ⅲ.①建筑设计-计算机辅助设计-应用软件-技术培训-教材 Ⅳ.①TU201.4

中国版本图书馆 CIP 数据核字(2019)第 081986 号

　

责任编辑:李 慧 李 明
责任校对:焦 乐

全国 **BIM** 应用技能考试培训教材

BIM　建　模

中国建设教育协会　组织编写

*

中国建筑工业出版社出版、发行(北京海淀三里河路9号)

各地新华书店、建筑书店经销

北京红光制版公司制版

北京圣夫亚美印刷有限公司印刷

*

开本:787×1092 毫米 1/16 印张:17¾ 字数:437 千字

2019 年 7 月第一版 2019 年 7 月第一次印刷

定价:**58.00** 元

ISBN 978-7-112-23669-5

(33981)

前　言

近年来，建筑信息模型（BIM）的发展和应用引起了工程建设业界的广泛关注。在建质函〔2015〕159号住房城乡建设部关于印发推进建筑信息模型应用指导意见的通知中指出到2020年末建筑行业甲级勘察、设计单位以及特级、一级房屋建筑工程施工企业应掌握并实现BIM与企业管理系统和其他信息技术的一体化集成应用。实现新立项项目勘察设计、施工、运营维护中，集成应用BIM的项目比率达到90%的要求。

中国建设教育协会本着更好地服务于社会的宗旨，适时开展全国BIM应用技能培训与考评工作。为了对该技能培训提供科学、规范的依据，组织了国内有关专家，编写了《BIM建模》一书。在编撰过程中，编写人员遵循《全国BIM应用技能考评大纲》中的原则，对BIM建模设计流程组织与实践的整体描述以及对BIM设计中应用点的总结为设计企业的设计师与管理者提供了解决方案与操作指导。

本书知识点全面，通俗易懂，共分为11个章节，分别为BIM概述、BIM建模准备、Revit基本操作、建筑模块、结构模块、通风系统模块、管道系统模块、电气系统模块、族与参数化、标注与标记、成果输出。本书主要由北京西北君成工程咨询有限公司杨波、北京市第三建筑工程有限公司朱江编写。西安建筑科技大学王茹教授主审并修改。

本书可用作本科、高职院校建筑工程、建筑设计、给水排水工程、建筑设备工程、工程管理及相关专业学生和专业技术人员参加BIM应用技能考试的必备用书。

在本书编写过程中，虽然经作者反复推敲核证，仍难免存在疏漏之处，恳请广大读者提出宝贵意见。

目　　录

第一章　BIM　概　述

1.1　BIM 的概念

1.1.1　BIM 的定义

BIM（Building Information Modeling，建筑信息模型）起源于 1885 年美国乔治亚理工大学建筑与计算机专业的查克·伊斯曼（Chuck Eastman）教授提出的一个概念：建筑信息模型包含了不同专业的所有的信息、功能要求和性能，把一个工程项目的所有的信息包括在设计过程、施工过程、运营管理过程的信息全部整合到一个建筑模型，以便实现建筑工程的可视化和量化分析，随之提高工程建设效率。这个建筑模型概念的提出标志着 BIM 理念的诞生，成了"革命性"的技术的雏形。

BIM 技术是一种多维（三维空间、四维时间、五维成本、N 维更多应用）模型信息集成技术，从根本上改变从业人员依靠符号文字形式图纸进行项目建设和运营管理的工作方式，实现在建设项目全生命周期内提高工作效率和质量以及减少错误和风险的目标。

1.1.2　BIM 的理解

1. "B" "I" "M" 的含义

（1）"B" —Building

Building 所代表的不仅是建筑，而是土建类（或者称为建设领域），土建类或建筑领域就是指一切和水、土、文化有关的基础建设的计划、建造和维修，包括城市规划，土木工程，交通工程等学科，包括建筑学，土木工程，建筑设施智能技术，建筑电气与智能化等。

所以"B"代表的是 BIM 的广度，也就是整个建设领域，它可以是建筑的某一具体部分（如建筑、结构、水暖电等），可以是单体建筑，也可以是社区，更可以是一个城市，甚至可以大到人与自然的关系。

（2）"I" —Information

Information 也就是信息，更能代表 BIM 的本质。Information 包含两层意思，一是信息（名词），也就是建设领域中所包含的各种信息；二是信息化（动词），也就是建设领域的方方面面采用信息化的方法和手段。信息好理解，比如说梁的参数、项目的进度、项目的说明之类的，都是建设领域的信息；"I"的范围是基于建设项目（注意是建设项目，不是单体建筑，而是整个建设领域）全生命周期（从概念产生到项目报废）的信息化过程。

所以"I"代表的是 BIM 的深度，也就是基于建设项目全生命周期管理（Building Lifecycle Management，BLM）的信息化过程。

（3）"M"－Modeling

"M"代表一种 Model，不是指模型，而是一种工作方式。Modeling 表现的是一个过程，也不是一个模型。在开始动工前，业主就召集设计方、施工方等各单位一起做出一个 BIM 模型，这个模型其实是"类竣工模型"或"拟完成作品的模型"，各单位根据该模型建造实际建筑，若建设过程中有变动再对模型进行修改，直到实际工程建成。同时"M"也表示 My-life，因为有了 BIM，交通设计更加合理，结构更加安全，城市规划也更加完善。

所以"M"代表的是 BIM 的力度。BIM 终将改变整个行业，乃至改变我们的生活。

2. BIM 的本质

结合 BIM 每个字母的含义，可以知道 BIM 的广义含义就是以建设领域为对象，基于建设项目全生命周期的信息化、智能化方法与过程。简单来说就是建设信息化。

1.1.3 BIM 的特点

1. 可视化性

可视化即"所见即所得"，施工图纸只是通过图纸上的线条来表达各个构件的信息，而 BIM 提供了可视化的思路，让人们将以往的线条式的构件形成一种三维的立体实物图形展示在人们的面前，不同于建筑业中的效果图，BIM 技术的可视化能够在同构件之间形成互动和反馈。因此 BIM 技术可视化可以方便效果图的展示及报表的生成。

2. 协调性

"协调"一直是建筑业工作中的重点内容，不管是施工单位还是业主及设计单位，无不在做着协调及相配合的工作。通过 BIM 建筑信息模型可在建筑物建造前期对各专业的碰撞问题进行协调，生成并提供协调数据。协调性主要体现在设计协调、整体进度规划协调、成本预算、工程量估算协调、运维协调方面。

3. 一体化性

一体化指的是基于 BIM 技术可进行从设计到施工再到运营贯穿了工程项目的全生命周期的一体化管理。BIM 的技术核心是一个由计算机三维模型所形成的数据库，不仅包含了建筑师的设计信息，而且可以容纳从设计到建成使用，甚至是使用周期终结的全过程信息。BIM 在整个建筑行业从上游到下游的各个企业间不断完善，从而实现项目全生命周期的信息化管理，最大化地实现 BIM 的意义。

4. 参数化性

参数化建模指的是通过参数（变量）而不是数字建立和分析模型，简单地改变模型中的参数值就能建立和分析新的模型。BIM 的参数化设计分为两个部分："参数化图元"和"参数化修改引擎"。"参数化图元"指的是 BIM 中的图元是以构件的形式出现，这些构件之间的不同，是通过参数的调整反映出来的，参数保存了图元作为数字化建筑构件的所有信息；"参数化修改引擎"指的是参数更改技术使用户对建筑设计或文档部分做的任何改动，都可以自动将其相关联的部分反映出来。参数化设计的本质是在可变参数的作用下，系统能够自动维护所有不变参数。因此，参数化模型中建立的各种约束关系，体现了设计人员的设计意图。参数化设计可以大大提高模型的生成和修改速度。

5. 模拟性

模拟性并不是只能模拟设计出的建筑物模型，还可以模拟不能够在真实世界中进行操作的事物。在设计阶段，BIM可以对设计上需要进行模拟的一些东西进行模拟实验。例如：节能模拟、紧急疏散模拟、日照模拟、热能传导模拟等；在招投标和施工阶段可以进行4D模拟（三维模型加项目的发展时间），也就是根据施工的组织设计模拟实际施工，从而确定合理的施工方案来指导施工。同时还可以进行5D模拟（基于4D模型加造价控制），从而实现成本控制；后期运营阶段可以模拟日常紧急情况的处理方式，例如地震人员逃生模拟及消防人员疏散模拟等。

6. 优化性

整个设计、施工、运营的过程，其实就是一个不断优化的过程，没有准确的信息是做不出合理优化的结果的。BIM模型提供了建筑物存在的实际信息，包括几何信息、物理信息、规则信息，还提供了建筑物变化以后的实际存在。BIM及与其配套的各种优化工具提供了对复杂项目进行优化的可能：把项目设计和投资回报分析结合起来，计算出设计变化对投资回报的影响，使得业主知道哪种项目设计方案更有利于自身的需求，对设计施工方案进行优化，可以带来显著的工期和造价改进。

7. 可出图性

运用BIM技术，除了能够进行建筑平、立、剖及详图的输出外，还可以出碰撞报告及构件加工图等。

（1）碰撞报告

通过将建筑、结构、电气、给水排水、暖通等专业的BIM模型整合后，进行管线碰撞检测，可以得出综合管线图（经过碰撞检查和设计修改，消除了相应错误以后）、综合结构留洞图（预埋套管图）、碰撞检查报告和建议改进方案。

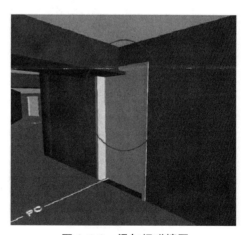

① 建筑与结构专业的碰撞

建筑与结构专业的碰撞主要包括建筑与结构图纸中的标高、柱、剪力墙等的位置是否不一致等。如图1.1-1是梁与门之间的碰撞。

图 1.1-1　梁与门碰撞图

② 设备内部各专业碰撞

设备内部各专业碰撞内容主要是检测各专业与管线的冲突情况，如图1.1-2所示。

③ 建筑、结构专业与设备专业碰撞

建筑专业与设备专业的碰撞如设备与室内装修碰撞，如图1.1-3所示。结构专业与设备专业的碰撞如管道与梁柱冲突，如图1.1-4所示。

④ 解决管线空间布局

基于BIM模型可调整解决管线空间布局问题，如机房过道狭小、各管线交叉等。管线交叉及优化具体过程如图1.1-5所示。

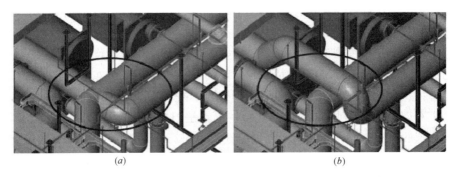

图 1.1-2 设备管道互相碰撞图

(a) 检测出的碰撞；(b) 优化后的管线

图 1.1-3 水管穿吊顶图

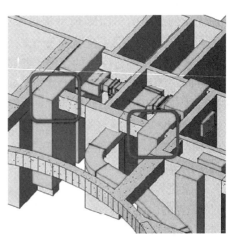

图 1.1-4 风管和梁碰撞图

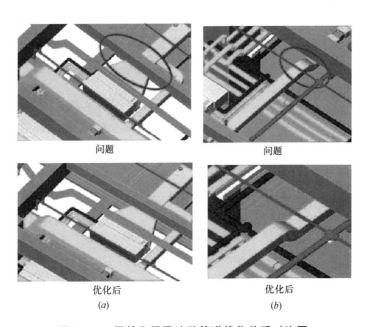

图 1.1-5 风管和梁及消防管道优化前后对比图

（2）构件加工指导

通过 BIM 模型对建筑构件的信息化表达，可在 BIM 模型上直接生成构件加工图，不仅能清楚地传达传统图纸的二维关系，而且对于复杂的空间剖面关系也可以清楚表达，同时还能够将离散的二维图纸信息集中到一个模型当中，这样的模型能够更加紧密地实现与预制工厂的协同和对接。

在生产加工过程中，BIM 信息化技术可以直观地表达出配筋的空间关系和各种参数情况，能自动生成构件下料单、派工单、模具规格参数等生产表单，并通过可视化的直观表达帮助工人更好地理解设计意图，可以形成 BIM 生产模拟动画、流程图、说明图等辅助培训材料，有助于提高工人生产的准确性和质量效率。

8. 信息完备性

信息完备性体现在 BIM 技术可对工程对象进行 3D 几何信息和拓扑关系的描述以及完整的工程信息描述，如对象名称、结构类型、建筑材料、工程性能等设计信息；施工工序、进度、成本、质量等施工信息；工程安全性能、材料耐久性能等维护信息。

1.2 BIM 相关标准

我国的标准体系分为国家标准、行业标准、地方标准，BIM 模型标准也不例外，目前我国大部分 BIM 标准还处于制定过程中。

BIM 模型的国家标准由《建筑信息模型应用统一标准》GB/T 51212、《建筑信息模型施工应用标准》GB/T 51235、《建筑信息模型分类和编码标准》GB/T 51269、《建筑工程信息模型存储标准》、《建筑工程设计信息模型交付标准》、《制造工业工程设计信息模型应用标准》等组成。

BIM 模型行业标准：如中国工程建设标准化协会"专业 P-BIM 软件功能与信息交换标准"的系列标准，它是针对各专业领域内以完成 BIM 专项任务为目的而具体定出的实施细则。

BIM 模型地方标准为各地为推广本地 BIM 应用而制定的 BIM 相关标准，是对应国家标准而本地化的地方标准。如：北京地方 BIM 标准《民用建筑信息模型设计标准》DB 11/T 1069、天津市《天津市民用建筑信息模型（BIM）设计技术导则》、上海市《上海市建筑信息模型技术应用指南（2017）》等。

这些标准是为保证 BIM 模型数据在交换中，统一交换数据格式、规范信息内容、减少信息丢失、提高信息应用效率。

1.3 BIM 建模精细度

BIM 模型精细度是表示模型包含的信息的全面性、细致程度及准确性的指标。几何精度采用两种方式来衡量，一是反映对象真实几何外形、内部构造及空间定位的精确程度；二是采用简化或符号化方式表达其设计含义的准确性。在满足项目需求的前提下，宜采用较低的建模精细度，同时要符合建筑工程量计算要求及满足现行有关工程文件编制深度规定。

建筑工程设计信息模型精细度分为五个等级，见表 1.3-1 所列。

建筑工程设计信息模型精细度

表 1.3-1

等　级	英文名	简　称
100 级精细度	Level of Development 100	LOD100
200 级精细度	Level of Development 200	LOD200
300 级精细度	Level of Development 300	LOD300
400 级精细度	Level of Development 400	LOD400
500 级精细度	Level of Development 500	LOD500

我国建筑工程设计信息模型建模精度分为四个等级，见表 1.3-2 所列。

建筑工程设计信息模型建模精度等级

表 1.3-2

建模精度等级	英文名	简称	备注
1 级	Grade 1	G1	满足二维化或者符号化识别需求的建模精度
2 级	Grade 2	G2	满足空间占位、主要颜色等粗略识别需求的建模精度
3 级	Grade 3	G3	满足建造安装流程、采购等精细识别需求的建模精度
4 级	Grade 4	G4	满足展示、产品管理、制造加工准备等 高精度识别需求的建模精度

在《建筑工程设计信息模型交付标准》中对建筑工程设计信息模型各组成系统的各类信息粒度及建模精度作了具体要求。

1.4　BIM 的现状及发展趋势

1.4.1　BIM 的应用现状

BIM 最早是从美国发展起来，随着全球化的进程，已经扩展到了欧洲各国、日本、韩国、新加坡等，目前这些国家的 BIM 发展和应用都达到了一定水平。

（1）美国

美国是较早启动建筑业信息化研究的国家，发展至今，在 BIM 研究与应用方面都走在世界前列。目前，美国大多建筑项目已经开始应用 BIM。根据 McGraw Hill 的调研，2012 年工程建设行业采用 BIM 的比例从 2007 年的 28％增长至 2012 年的 71％。其中74％的承包商已经在实施 BIM，使用比例超过了建筑师（70％）及机电工程师（67％）。BIM 的价值不断被认可。

（2）英国

与大多数国家相比，英国政府要求强制使用 BIM：2011 年 5 月，英国内阁办公室发布了"政府建设战略（Government Construction Strategy）"文件，其中有一整个关于建筑信息模型（BIM）的章节。该章节中明确要求，"到 2016 年，政府要求实现全面协同的3D BIM,并将全部的文件以信息化管理。"

（3）新加坡

新加坡负责建筑业管理的国家机构建筑管理署（Building and Construction Authority，BCA）于2011年发布了新加坡BIM发展路线规划（BCA's Building Information Modeling Roadmap），规划明确提出推动整个建筑业在2015年前广泛使用BIM技术。为了实现这一目标，BCA分析了面临的挑战，并制定了相关策略。

（4）中国

我国工程建设行业从2003年开始引进BIM技术。目前，BIM应用以设计院为主，各类BIM咨询公司、培训机构，政府及行业协会也开始越来越重视BIM的应用价值和意义。国家"十一五"科技支撑计划和"十二五"建筑信息化发展纲要中也将BIM技术纳入发展内容。根据两届的报告，对BIM的普及程度从2010年的60％提升至2011年的87％。2011年，共有39％的单位表示已经使用了BIM相关软件，而其中以设计单位居多。从全球化的视角来看，BIM的应用已成主流。

1.4.2　BIM的发展趋势

随着超高层、超大跨度建筑等大型复杂土木工程在我国涌现，行业计算机应用的前沿人士不约而同地挖掘BIM的潜在价值，使之更好地造福人类。下面将BIM技术的未来发展趋势做一个简单的概括：

1. BIM技术与绿色建筑

绿色建筑是指在建筑全生命周期内，最大限度地节约资源（节能、节地、节水、节材），保护环境，减少污染，为人们提供健康、适用和高效的使用空间与自然和谐共生的建筑。

BIM技术的重要意义在于它重新整合了建筑设计的流程，所涉及的建筑生命周期管理，是绿色建筑设计的关注和影响对象。真实的BIM数据和丰富的构件信息给各种绿色分析软件以强大的数据支持，确保了结果的准确性。

2. BIM技术与预制装配式建筑

装配式建筑是指用预制的构件在工地装配而成的建筑。这种建筑的优点是建造速度快，受气候制约小，节约劳动力并可提高建筑质量，是我国建筑发展的重要方向之一，它有利于我国建筑工业的发展和工程质量的保障，提高生产效率并节约资源。与现浇施工法相比，装配式施工更能符合绿色施工的节能、节地、节水、节材和环境保护等要求，降低对环境的负面影响。

利用BIM技术三维模型的参数化设计，使得图纸修改效率大幅度提高，解决了传统拆分设计中图纸量大，修改困难的难题。钢筋的参数化设计提高了钢筋设计的精确性，加大了可施工性。加上有时间进度的4D模拟，同时进行虚拟化施工，提高了现场施工管理的水平，降低了施工工期，减少了图纸变更和施工现场的返工，节约投资。

3. BIM技术与数字化加工

数字化是将不同类型的信息转变为可以度量的数字，将这些数字保存在适当的模型中，再将模型引入计算机进行处理的过程。数字化加工则是在应用已经建立的数字模型基础上，利用生产设备完成对产品的加工。

BIM技术与数字化加工集成应用，意味着将BIM模型中的数据转换成数字化加工所需的数字模型，制造设备可根据该模型进行数字化加工。目前，其主要应用在预制混凝土板生产、管线预制加工和钢结构加工三个方面。

4. BIM 技术与虚拟现实

虚拟现实是一种三维环境技术，集先进的计算机技术、传感与测量技术、仿真技术、微电子技术等为一体，产生逼真的视、听、触等三维感官环境。

BIM 技术与虚拟现实技术集成应用，主要包括虚拟场景构建、施工进度模拟、复杂局部施工方案模拟、施工成本模拟、多维模型信息联合模拟以及交互式场景漫游。使用虚拟现实技术可展示一栋活生生的虚拟建筑物，使人产生身临其境之感。并可以将任意相关信息整合到已建立的虚拟场景中，进行多维模型信息联合模拟。可以实时、任意视角查看各种信息与模型的关系，指导设计、施工人员，辅助监理、监测人员开展相关工作。

5. BIM 技术与物联网

物联网是通过射频识别、红外感应器、全球定位系统、激光扫描器等信息传感设备，按约定的协议将物品与互联网相连进行信息交换和通信，以实现智能化识别、定位、跟踪、监控和管理的网络。物联网是新一代信息技术的重要组成部分，也是信息化时代的重要发展阶段。

BIM 技术与物联网集成应用，实质上是建筑全过程信息的集成与融合。BIM 技术发挥上层信息集成、交互、展示和管理的作用，而物联网技术则承担底层信息感知、采集、传递、监控的功能。二者集成应用可以实现建筑全过程"信息流闭环"，实现虚拟信息化管理与实体环境硬件之间的有机融合。

6. BIM 技术与云计算

云计算是一种基于互联网的计算方式，以这种方式共享的软硬件和信息资源可以按需提供给计算机和其他终端使用。

BIM 技术与云计算集成应用，是利用云计算的优势将 BIM 应用转化为 BIM 云服务。基于云计算强大的计算能力，可将 BIM 应用中计算量大且复杂的工作转移到云端，以提升计算效率；基于云计算的大规模数据存储能力，可将 BIM 模型及其相关的业务数据同步到云端，方便用户随时随地访问并与协作者共享；云计算使得 BIM 技术走出办公室，用户在施工现场可通过移动设备随时连接云服务，及时获取所需的 BIM 数据和服务等。

1.5 BIM 模型在设计、施工、运维阶段的应用、数据共享与协同工作方法

BIM 为实现真正的 BLM（Building Lifecycle Management，建筑全生命周期管理）提供了技术支撑。建筑工程全生命周期包括设计、施工、运营使用直至拆除的整个过程，下面将逐一介绍 BIM 在设计、施工、运维阶段的应用及数据共享与协同工作的方法。

1.5.1 BIM 模型在设计阶段的应用

BIM 模型在设计阶段的主要应用包括施工模拟、设计分析与协同设计、可视化交流、碰撞检查及设计阶段的造价控制、施工图生成等。

1. 施工模拟

包括施工方案模拟、施工工艺模拟，即在工程实施前对建设项目进行分析、模拟、优化，提前发现问题、解决问题，直至获得最佳方案以指导施工。

2. 设计分析及协同设计

设计分析主要包括结构分析、能耗分析、光照分析等。设计分析在工程安全、节能、节约造价、项目可实施性方面发挥着重要作用。协同设计是指设计团队中的全体成员共享同一个BIM模型数据源，每个人的设计成果可以及时反映到BIM模型上，则每个设计人员可以及时获取其他设计人员的最新设计成果，这样不同专业设计人员之间形成了以共享的BIM模型为纽带的协同工作机制，有效地避免专业之间因信息沟通不畅产生的冲突。

3. 可视化交流

通过采用三维模型展示的方式在设计方、业主、政府、咨询专家、施工方等项目各参与方之间，针对设计意图或设计成果进行有效的沟通，可视化交流使设计人员充分理解业主的建设意图，使审批方能清晰地认知他们所审批的设计是否满足审批要求。

4. 碰撞检查

BIM软件将不同专业的设计模型集为一体，通过碰撞检查功能查找不同专业构件之间的空间碰撞点，并将碰撞点尽早地反馈给设计人员。BIM的碰撞检查功能使得设计人员能够在设计阶段提前发现施工中可能出现的问题，并及时改正问题，有效地减少施工现场变更。

5. 设计阶段造价控制

BIM模型不仅包括建筑物空间和建筑构件的几何信息，还包括构件的材料属性信息，BIM模型将这些信息传递到专业化的工程量统计软件中，可以获得符合相应规则的构件工程量，这一过程避免了在工程量统计软件中为计算工程量而进行的专门的建模工作并且能够及时反映工程造价水平，为限额设计、价值工程在优化设计上的应用创造条件。

6. 施工图生成

BIM模型是完整描述建筑空间与建筑构件的三维模型，对工程设计的任何实质性修改都将反映在BIM模型中，软件可以依据三维模型的修改信息自动更新所有与该修改相关的二维图纸，由三维模型向二维图纸的自动更新将为设计人员节省大量的图纸修改时间。

1.5.2 BIM模型在施工阶段的应用

以设计阶段建成的BIM模型为基础，施工阶段BIM技术的主要应用包括虚拟施工及施工进度控制、施工过程中的成本控制、三维模型校验及预制构件施工等方面。

1. 虚拟施工及施工进度控制

虚拟施工过程可以很直观地展示施工工序、顺序，使总承包方与各专业分包方之间的沟通协调变得清晰明了。此外，将施工模拟与施工组织方案有效结合，可以帮助施工现场管理人员合理安排材料、设备、人员进场等，有效保证施工工期和进度。

2. 施工过程中成本控制

在项目开始前即建立BIM 5D（三维模型＋时间＋成本）模型，将三维模型与各构件实体、进度信息、预算信息进行关联计算，可以对材料、机械、劳务及计量支付进行管控。

3. 三维模型校验

BIM 可视化技术可以展示建筑模型与实际工程的对比结果，帮助业主考察虚拟建筑与实际施工建筑的差距，发现不合理的部分。同时，该对比结果可以帮助业主对施工过程及建筑物相关功能进行进一步评估，从而提早反应，对可能发生的情况做及时地调整。

4. 在预制施工方面

BIM 技术的运用可以提高施工预算的准确性，对预制构件的加工生产提供支持，有效地提高设备参数的准确性和施工协调管理水平。

1.5.3　BIM 模型在运维阶段的应用

BIM 模型完整地存储了建筑对象设计、施工数据，使得运营维护人员能够更清楚地了解设备信息、安全信息。同时，以三维视图的方式展示设备及其部件可以更好地指导维护人员进行设备维护工作，避免或减少由于欠维修或过度维修而造成的消耗。

运维管理主要体现在以下方面：

1. 空间协调管理

空间管理主要应用在照明、消防等各系统和设备空间的定位。应用 BIM 技术业主可获取各系统和设备空间位置信息，把原来编号或者文字标示变成三维图形位置，直观形象且方便查找。如通过 RFID 获取大楼的安保人员位置。其次，BIM 技术可应用于内部空间设施可视化，利用 BIM 建立一个可视三维模型，所有数据和信息可以从模型获取调用。如装修的时候，可快速获取不能拆除的管线、承重墙等建筑构件的相关属性。

2. 设施协调管理

设施协调管理主要体现在设施的装修、空间规划和维护操作。BIM 技术能够提供关于建筑项目协调一致、可计算的信息，该信息可用于共享及重复使用，以降低业主和运营商由于缺乏互操作性而导致的成本损失。此外基于 BIM 技术还可对重要设备进行远程控制，把原来商业地产中独立运行的各设备通过 RFID 等技术汇总到统一的平台上进行管理和控制。通过远程控制，可充分了解设备的运行状况，为业主更好地进行运维管理提供良好条件。

3. 隐蔽工程协调管理

基于 BIM 技术的运维可以管理复杂的地下管网，如污水管、排水管、网线、电线以及相关管井，并且可以在图上直接获得相对位置关系。当改建或二次装修的时候可以避开现有管网位置，便于管网维修、更换设备和定位。内部相关人员可以共享这些电子信息，有变化可随时调整，保证信息的完整性和准确性。

4. 应急管理协调

通过 BIM 技术的运维管理对突发事件管理，包括：预防、警报和处理。以消防事件为例，该管理系统可以通过喷淋感应器感应信息，如果发生着火事故，在商业广场的 BIM 信息模型界面中，就会自动触发火警警报，着火区域的三维位置和房间立即进行定位显示；控制中心可以及时查询相应的周围环境和设备情况，为及时疏散人群和处理灾情提供重要信息。

5. 节能减排管理协调

通过 BIM 结合物联网技术的应用，使得日常能源管理监控变得更加方便。通过安装具有传感功能的电表、水表、燃气表后，可以实现建筑能耗数据的实时采集、传输、初步分析、定时定点上传等基本功能，并具有较强的扩展性。系统还可以实现室内温湿度的远程监测，分析房间内的实时温湿度变化，配合节能运行管理。相对于建筑设计和施工阶段，BIM 技术在运维阶段的应用案例很少，随着建设项目全生命周期管理理念的逐步深入，BIM 技术在运维阶段的应用将具有广阔的前景。

1.5.4 基于 BIM 的数据共享及协同工作

基于 BIM 的协同工作就是指将信息在不同人员、不同业务之间传递和共享，使之发挥价值并持续增值的过程。

BIM 技术实施过程中会涉及不同专业软件之间的信息交换问题，由于不同软件开发的程序语言、数据格式、专业手段不尽相同，软件之间的共享方式也不一样。软件之间的数据交换方式一般包括直接调用、间接调用、同一数据格式调用三种方式。直接调用是指两个 BIM 软件之间通过编写数据转换程序实现，下游软件编写模型格式转换程序将上游软件产生的文件转换成自己可以识别的格式。间接调用是指利用市场上已经实现的模型文件转换程序，借用应用软件将模型间接转换到目标应用程序软件中。统一数据格式调用，即建立一种统一的数据交换标准和格式，不同软件都可以识别或者输出这种格式以实现不同应用软件之间的共享。

施工过程中除了两个应用软件之间模型共享互用之外还涉及模型集成的工作，即将多个模型集成在一个 BIM 应用软件内。由于不同的 BIM 应用软件生成的 BIM 模型数据格式是不一致的，在进行多个模型的转换与集成过程中为了尽可能地保证数据信息的完整性通常要求在 BIM 建模时遵循一定的规则和规范。

1.6 BIM 软件分类和介绍

1.6.1 BIM 基础类软件

BIM 基础软件是指可用于建立能为多个 BIM 应用软件所使用的 BIM 数据的软件，简称 BIM 建模软件。例如在国际上被认可度高的 Autodesk、Bentley 公司、Nemetschek Graphisoft（图软）公司、Gery Technology Dassault（达索）公司提供的软件为主。

Revit 是 Autodesk 公司的 BIM 软件，自 2013 版本开始，将建筑、结构和机电三个板块整合，形成具有三种建模环境的整体软件，支持所有阶段的设计和施工图纸及明细表。Revit 平台的核心是 Revit 参数化更改引擎，它可以自动协调在任意位置（例如在模型视图或图纸、明细表、剖面、平面图中）所做的更改。其优点是普及性强，操作相对简单，有不错的市场表现。

Bentley 公司旗下的 BIM 软件分为建筑、结构和设备三个板块，其产品在工厂设计（例如石油、化工、电力、医药等）和基础设施（例如道路、桥梁、隧道、市政、水利等）领域有着无可争辩的优势。

1.6.2 BIM 工具类软件

BIM 工具软件是指利用 BIM 基础软件提供的 BIM 数据，开展各种工作的应用软件。

主要目的是为了提高单个或者部分应用点的效率。能耗分析软件能够通过 BIM 模型的信息对项目进行日照、风环境、工程热力学和传热学、景观可视度、噪声等方面的分析，主要有国外的 Ecotect、Energyplus 等软件。

结构分析软件是目前和 BIM 核心建模软件集成度较高的产品，MIDAS、PKPM、YJK 等软件都可以与 BIM 核心建模软件配合使用。

施工模拟软件的基本功能包括集成各种三维软件创建的模型，进行 3D 协调、4D 计划、可视化、动态模拟等。常见的施工模拟软件有 Autodesk Navisworks、Lumion、Fuzor 等。

成本管理软件是利用 BIM 模型提供的信息进行工程量统计和造价分析，基于 BIM 技术的造价管理软件可以根据工程施工计划动态提供造价管理需要的数据，这就是 BIM 技术的 5D 应用。BIM 成本管理的代表软件有 Innovaya、Solibri、鲁班、广联达、晨曦等。

1.6.3 BIM 平台类软件

BIM 平台类软件是指能对各类 BIM 基础软件及 BIM 工具软件产生的 BIM 数据进行有效管理，以便支持建筑全生命期 BIM 数据的共享应用的应用软件。在技术应用层面，BIM 平台的特点为着重于数据整合及操作，主要的平台软件有 Navisworks、Tekla 等；在项目管理层面，BIM 平台主要着重于信息数据交流，主要的平台软件有 Vault、Autodesk Buzzsaw、Trello 等；在企业管理层面，着重于决策及判断是其特点，主要平台软件有 Greata、Dassault Enovia 等。该类软件一般为基于 Web 的应用软件，能够支持工程项目各参与方及各专业工作人员之间通过网络高效地共享信息。现阶段主要平台类软件见表 1.6-1 所列。

现阶段主要平台类软件 表 1.6-1

BIM 目标	平台特点	BIM 平台选择	备注
技术应用层面	着重于数据整合及操作	Navisworks	兼容多种数据格式、查阅、漫游、标注、碰撞检测、进度及方案模拟、动画制作等
		Tekla	强调 3C，即合并模型、碰撞检查和沟通
		Bentley Navigator	可视化图形环境，碰撞检测、施工进度模拟及渲染动画
		Trimble Vico Office Suite	BIM 5D 数据整合，成本分析
		Synchro	
项目管理层面	着重于信息数据交流	Vault	根据权限、文档及流程管理
		Autodesk Buzzsaw	
		Trello	团队协同管理
		Bentley Projectwise	基于平台的文档、模型管理
		Dassault Enovia	基于树形结构的 3D 模型管理，实现协同设计、数据共享
企业管理层面	着重于决策及判断	Greata	商务、办公、进度、绩效管理
		Dassault Enovia	基于 3D 模型的数据库管理，引入权限和流程设置，可作为企业内部流程管理的平台

第二章 BIM 建模准备

2.1 BIM 模型文件管理与数据转换方法

2.1.1 BIM 模型文件管理

BIM 实施过程中的文件应在协同平台中统一存储和管理。这是协同工作的基础。对于企业和项目而言，文件的统一存储和管理可以确保文件的所有权和安全性，实现统一信息来源，开放信息获取渠道，并创造共享条件。

协同平台中的文件应按统一规则命名，可采用编码类、缩写类、注释类、时间类、序号类等命名元素命名或组合命名。文件命名规则的制定应便于文件的查阅与搜索，可采用编码类、缩写类、注释类、时间类、序号类等命名元素命名或组合命名。文件名称长度不宜过长，文件命名规则应使文件名称尽量简化。

协同平台工作区应包括编辑区、共享区、发布区、归档区，各工作区应符合以下规定：

1. 编辑区为各参与方的独立工作区域，该区域用于对文件进行编辑。

2. 共享区为各参与方的过程交互区域，该区提供满足一定交互条件的编辑区文件供各参与方参考。

3. 发布区为各参与方文件的公开发布区域，该区域内发布已完成质量确认的文件。

4. 归档区为各参与方的节点交付区域，该区域存放包括编辑区、共享区以及发布区的需归档内容。

在多专业建模过程中，各专业模型应进行过程交互。在多专业多参与方条件下，为满足过程交互，应建立过程交互的协作方式，对模型不必进行完全审查，团队之间可共享基于模型的信息。

协同平台应满足文件及数据的存储、更新及版本记录、权限的分级设定、共享和传输等功能。协同平台的基本要求是建立网络共享盘，规定文件管理规则，设定平台访问机制。协同工作是在此基础上，结合文件存放的方式方法、访问的策略要求，以及网络的传输限制，围绕文件管理进行的项目活动指引和限制。

协同平台应采取数据安全措施和制定安全协议，确保文件储存和传输安全，以满足各参与方的安全需求，并为各参与方访问信息提供安全保障。安全措施包括：限制第三方在项目过程及项目完成后存储设施信息，限制向项目团队之外的人员分享设施信息等。

2.1.2 BIM 模型数据交互方法

为满足项目参与者之间的协同工作，需要定义项目在过程中各参与者之间进行的内容交换或交付。数据交互应约定数据传递的格式，保证在 BIM 建模过程中完整传递数据信息，在 BIM 应用过程中传递满足应用所需的数据信息。

BIM 建模向 BIM 应用输出数据时，应确保 BIM 建模软件的输出格式可以被接收数据的 BIM 应用软件支持；BIM 建模软件之间传递数据时，应确保软件的输入和输出格式可以完整传递数据。在不同软件平台间进行传递时，进行数据传递前应明确目标软件和硬件系统的要求和限制，以确保交换过程能保持数据的完整性。

数据交互的格式建议采用工业基础类（IFC），选择的建模软件及非建模应用软件，应支持工业基础类格式的输入和输出，模型中的建筑对象应符合工业基础类标准规定。

2.2 建模流程

目前国内工程项目一般都采用传统的项目流程"设计—招标—施工—运营"，BIM 模型也是在这个过程中不断生成、扩充和细化的。当一个项目在设计的方案阶段就生成方案模型，则之后的深化设计、施工图等模型都能在此基础上深化得到。对于项目中的不同专业团队，共同协作完成 BIM 模型的建模流程一般就按先土建后机电，先粗略后精细的顺序来进行。

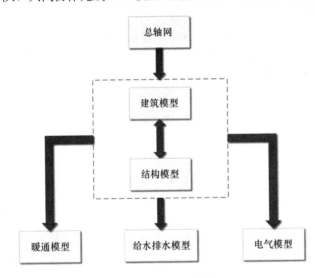

图 2.2-1　Revit 建模流程

考虑到项目设计建造的顺序，Revit 建模流程通常如图 2.2-1 所示。首先确定项目的轴网，即项目坐标。对于一个项目，不管划分成多少个模型文件，所有模型文件的坐标原点必须是惟一的，只有这样，各个模型才能精确整合。通常，一个项目在开始以前，需先建立一个惟一的轴网文件作为该项目坐标基准，项目成员都要以这个轴网文件为参照进行模型的建立。

与传统 CAD 不同，Revit 软件的轴网是有三维空间关系的。所以，Revit 中的标高和轴网是密切相关的，并且通过轴网的"3D"开关可以控制轴网在各标高的可见性。在创建轴网标高时，遵循"先建标高，再建轴线"的顺序，可以保证轴线建立后在各标高层都可见。

建好轴网文件后，建筑和结构专业人员可以根据项目的需要，通过协同技术建立一个 Revit 模型或各自的专业模型，甚至是更多细分的模型。当建筑和结构模型完成后，水暖电专业人员在建筑结构模型基础上再完成各自专业的模型。

BIM 模型的建模流程还和项目模型文件的拆分方式有关，在拆分模型过程中，要考虑项目成员的工作分配情况和操作效率。模型尽可能细分的好处是可以方便项目成员的灵活分工，另外单个模型文件越小，模型操作效率越高。通过模型的拆分，将可能产生很多有关联的模型文件，从几十到几百个文件不等。Revit 的协同方式有工作集和链接两种，两者的区别是"工作集"允许多人同时编辑相同模型，而"链接"是独享模型，当某个模型被打开时，其他人只能"读"而不能"改"。

理论上讲，"工作集"是更理想的工作方式，既解决了一个大型模型多人同时分区域建模的问题，又解决了同一模型可被多人同时编辑的问题。而"链接"只解决了多人同时分区域建模的问题，无法实现多人同时编辑同一模型。但由于"工作集"方式在软件实现上比较复杂，对团队的 BIM 协同能力要求很高，而"链接"方式相对简单、操作方便，使用者可以依据需要随时加载模型文件，尤其是对于大型模型在协同工作时，性能表现较好，特别是在软件的操作响应上。

最后，Revit 建模流程还与模型构件的构建关系有关。作为 BIM 软件，Revit 将建筑构件的特性和相互的逻辑关系放到软件体系中，提供了常用的构件工具，例如："墙""柱""梁""风管"等。每种构件都具备其相应的构件特性，比如结构墙或结构柱是要承重的，而建筑墙或建筑柱只起围护作用。一个完整的模型构件系统实际就是整个项目的分支系统的表现，模型对象之间的关系遵循实际项目中构件之间的关系，例如门窗，他们只能够建立在墙体之上，如果删除墙，放置在其上的门窗也会被一起删除，所以建模时就要先建墙体再放门窗。例如消火栓族的放置，如果该族为一个基于面或基于墙来制作的族，那么放置时就必须有一个面或一面墙作为基准才能放置，建模时也得按这个顺序来建。

建模流程是很灵活和多样的，不同的项目要求、不同的 BIM 应用要求、不同的工作团队都会有不同的建模流程，如何制定一个合适的建模流程需要在项目实践中去探索和总结，也需要 BIM 项目实战经验的积累。

2.3 施工图识图

2.3.1 施工图基础知识

1. 房屋施工图的分类

一套完整的施工图常有：建筑施工图，简称建施；结构施工图，简称结施；给水排水施工图，简称水施；供暖通风施工图，简称暖施；电气施工图，简称电施。较大的工程和公用建筑还有消防报警施工图等。

2. 施工图的图示特点

（1）施工图中的各图样，主要是用正投影法绘制。

（2）房屋形体较大，施工图一般采用较小比例绘制。

（3）由于房屋的构、配件和材料种类较多，国家制图标准规定了一系列相应的符号和图例。

3. 施工图的设计步骤

施工图的设计通常分为两个阶段：初步设计和施工图设计阶段，对于一些复杂工程，还应该增加深化设计阶段。

（1）初步设计阶段

①设计前的准备；②方案设计；③绘制初步施工图。

（2）施工图设计阶段

将已经通过审批的初步设计图，按照施工的要求具体化。

（3）绘图步骤

绘制施工图的顺序，一般按照平面图→立面图→剖面图→详图的顺序来进行。

4. 施工图常用符号

（1）定位轴线

轴线用来确定主要的结构和构件（承重墙、柱、梁、基础等）的位置以便施工时定位放线和查阅图纸，如图 2.3-1 所示。

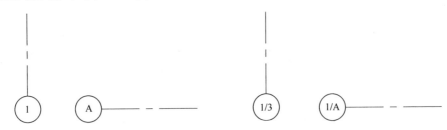

图 2.3-1 轴线和轴号

① 国标规定定位轴线的绘制

线型：细单点长画线；轴线编号的圆：细实线，直径 8mm。编号：水平方向，从左向右依次用阿拉伯数字编写；竖直方向从下向上依次用大写拉丁字母表示（不能用 I、O、Z，以免与数字 1、0/2 混淆）

② 标注位置

图样对称时，一般标注在图样的下方和左侧；图样不对称时，以下方和左侧为主，上方和右侧也要标注。

③ 分轴线的标注

次要成轴构件用分轴线表示，方法为用分数进行编号，以前一轴线编号为分母、阿拉伯数字（1、2、3）为分子依次编写。

（2）标高符号

在总平面、平面图、立面图上，经常有需要标注高度的地方。不同图样上的标高符号的绘制各不相同，如图 2.3-2 所示。

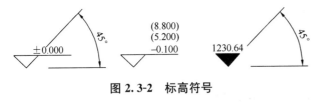

图 2.3-2 标高符号

① 平面图的标高符号：用相对标高，保留三位小数。

② 立面图、剖面图的标高符号：用相对标高，保留三位小数。

③ 总平面图的标高符号（室内、室外）：用绝对标高，保留两位小数。如标高数字前有"－"号，表示该完成面低于零点标高。

（3）索引符号和详图符号

为了方便查找构件详图，用索引符号可以清楚地表示出详图的编号、详图的位置和详图所在图纸的编号，如图 2.3-3 所示。

① 索引符号

绘制方法：引出线指在要画详图的地方，引出线的另一端为细实线、直径 10mm 的圆，引出线应对准圆心。在圆内过圆心画一水平细实线，将圆分为两个半圆，如图 2.3-3 所示。

当索引符号用于索引剖面详图时，应在被剖切的部位绘制剖切位置线，引出线所在一

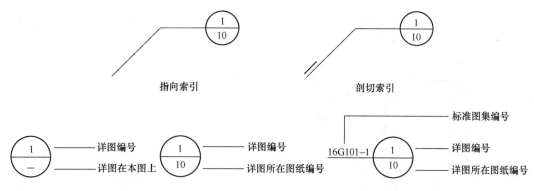

图 2.3-3 详图索引符号

侧应为投射方向。编号方法：上半圆用阿拉伯数字表示详图的编号，下半圆用阿拉伯数字表示详图所在图纸的图纸号。若详图与被索引的图样在同一张图纸上，下半圆中间画一水平细实线；若详图为标准图集上的详图，应在索引符号水平直径的延长线上加注标准图集的编号，如图 2.3-3 所示。

② 详图符号

绘制方法：粗实线，直径 14mm。

编号方法：当详图与被索引的图样不在同一张纸上时，过圆心画一水平细实线。上半圆用阿拉伯数字表示详图的编号，下半圆用阿拉伯数字表示被索引图纸的图纸号。

（4）零件、钢筋、杆件、设备等编号

绘制方法：细实线，直径 6mm。

编号方法：用阿拉伯数字依次编号。

（5）指北针或风玫瑰

绘制方法：细实线，直径 24mm。指针尖指向北，指针尾部宽度为直径的 1/8，约 3mm，如图 2.3-4 所示。

图 2.3-4 指北针

2.3.2 施工图的构成

施工图分为总平面图、建施、结施、暖施、水施、电施等。

总平面图包括：总平面布置图、竖向设计图、土方工程图、管道综合图、绿化布置图详图等。

建筑施工图包括：平面图、立面图、剖面图、地沟平面图、详图等。

结构施工图包括：基础平面图、基础详图、结构平面布置图、钢筋混凝土构件详图、钢结构详图、木结构详图、节点构造详图等。

设备施工图按专业不同，有给水排水图、电气图、弱电图、供暖通风图、动力图等。

2.3.3 总平面图

总平面图是将新建房屋及其附近一定范围内的建筑物、构筑物、室外场地、道路和绿化布置的总体情况，用水平投影的方法绘制而成的图样。建筑总平面图简称总平面图或总图。

总平面图的表达方式：用挂图说明总平面图是建筑物及其周围环境的俯视图，其中建筑物用图例符号表示，新建筑物用粗实线表示（层数用圆点或数字表示），原有建筑物用细实线表示，拆除建筑物在原有建筑物图例上画"×"，周围环境的地物、地貌也用图例符号表示。标注尺寸或用坐标为新建筑物定位。某建筑总平面图和某建筑总平面图说明如图 2.3-5、图 2.3-6 所示。

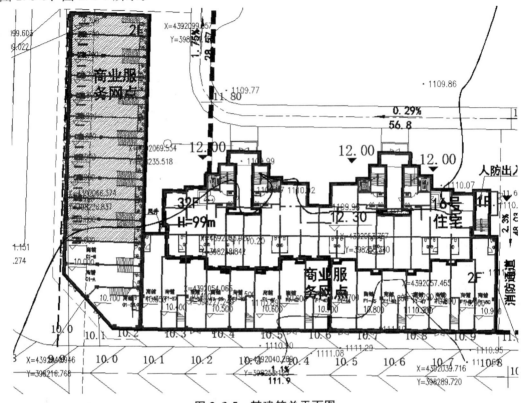

图 2.3-5　某建筑总平面图

经济技术指标		
项目	单位	数值
建设用地面积	㎡	5181
总建筑面积	㎡	4583
建筑占地面积	㎡	2908
计容面积	㎡	4583
容积率		0.88
建筑密度	%	56
建筑高度	m	14
绿地面积	㎡	1012
绿地率	%	19
停车位	个	10

说　明:
1. 本图依据XXXXX提供的电子文档进行设计。
2. 本图坐标注采用XXXXX坐标系。
3. 红线坐标是依据XXXXXX提供的地图绘制，红线坐标注于拐点处。
4. 图中建筑物尺寸标注于建筑首层外墙，道路标注于路缘石内侧，单位为米。
5. 消防设计依据《建筑设计防火规范》XGB50016-2014.

建筑物一览表					
建筑物编号	建筑性质	建筑高度(米)	层数	建筑占地面积(平方米)	建筑面积(平方米)
1#建筑乙类生产厂房	乙类厂房	14	3	2314	3747
2#建筑 技术交流中心	厂房附属办公用房	7.95	2	595	836

图 2.3-6　某建筑总平面说明

总平面图包括目录、设计说明、总平面布置图、土方工程图、竖向设计图、管道综合图、绿化布置图、详图、计算书。

建筑总平面图识图要点：

（1）看房屋朝向。看指北针或风玫瑰确定房屋朝向，看建筑红线确定批地范围；

（2）分清新建筑物、原有建筑物和拆除建筑物；

（3）了解室内外标高及其相互关系以及新建筑物周围地形、地面坡度和排水方向；

（4）了解建筑物的定位尺寸，是尺寸定位还是坐标网式定位；

（5）看与建筑物相关的周围环境图例，如绿化、松墙、树丛、道路等；

（6）看建筑物所在位置对周围居民和建筑物的影响以确定施工的平面布置。

2.3.4 建筑施工图

建筑施工图包括以下内容：

1. 目录

先列新绘制图纸，后列选用的标准图或重复利用图。

2. 设计总说明

设计总说明包括设计依据；本项工程设计规模和建筑面积；本项工程的相对标高与总平面图绝对标高的关系；用料说明，特殊要求的做法说明；采用新材料、新技术的做法说明和门窗表。

3. 平面图

建筑平面图是水平剖视图，即假想用一水平面沿窗台稍高一点的位置将建筑物剖切开，移去剖切平面上面的部分，画出剩余部分的水平投影，将剖切到的实体部分的轮廓用粗实线画出，剖切平面下面部分的轮廓用中实线绘制，建筑配件用图例符号表示，再标注尺寸和装修做法，即得到建筑平面图。一栋楼房的建筑平面图包括一层、顶层和中间层若干张。

建筑平面图读图内容及要点：

看图标，对建筑物概括了解。

看指北针或风玫瑰了解建筑物的朝向；看外包尺寸了解建筑物的大小；看定位轴线的数量和轴间距了解房间的开间和进深尺寸；看外墙上门窗尺寸、型号和过梁型号，看窗间墙厚、有无砖垛、外墙厚和定位轴线是偏轴还是对称等了解外墙有关结构；看房屋外面的设施情况，包括散水宽度、雨罩、台阶、花坛等。

看房屋内部房间的布局和功能，地坪标高，各楼层的标高，内墙位置、定位及厚度，内墙上门窗的位置、尺寸及型号。

看索引符号，结合详图和有关剖面图了解建筑局部和房屋高度方向的结构及尺寸。

看与安装工程有关的部位和难点内容，如上下水及电缆的进出位置预留孔，配电箱的预留槽，夹层的位置、尺寸，门窗位置等。

讲解平面图的尺寸标注。

看门窗编号，和门窗统计表对照，理解其含义。

读图注意事项：

每层平面图表达的内容各不相同，如一层表达剖切平面下面的部分，如散水、台阶、花坛等地面设施，二层表达剖切平面和一层之间的外部设施。

各层平面图应对照起来看，在施工时需要核对尺寸。

屋顶平面图不是剖视图是俯视图，主要表达屋顶上的设施，如出入孔、女儿墙、屋脊、排水坡度、落水管等。

平面图中经常使用图例符号和门窗编号，对这些图例和标号要熟悉，对不熟悉的要会查表。

注意图中文字说明的含义：如洞口下皮距地面 2600，又如窗台挑砖 60，上皮标高 2.500 等。

4. 立面图

建筑立面图是房屋的正立面投影或侧立面投影图。主要表达外形及外部装修做法。平面图有各楼层平面图及屋面平面图。某建筑其中一立面图如图 2.3-7 所示。

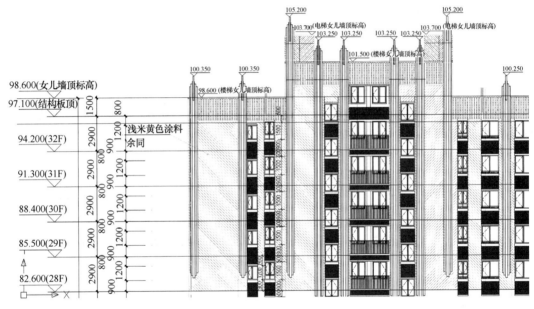

图 2.3-7 建筑立面图

主要表达内容有：

建筑物两端及分段轴线编号；

女儿墙顶、屋檐、柱、伸缩缝、沉降缝、抗震缝、室外楼梯、消防梯、阳台、栏杆、台阶、雨篷、花台、腰线、勒脚、留洞、门、窗、门头、雨水管、装饰构件、抹灰分格线等；

门窗典型示范具体形式与分格；

各部分构造、装饰节点详图索引、用料名称或符号。

读图要点如下：

看图标，明确立面图的朝向。

看标高、楼层数及竖向尺寸。

看门窗在立面图上的位置。

看落水管的位置。

看外墙、门窗、勒脚、檐口等外部装修做法。

注意事项：在读剖面图时，一定要和平面图对照起来读。

5. 剖面图

建筑立面图是假想用一个正平面或侧平面将房屋剖切开，画出其剖视图就得到建筑剖面图，某建筑剖面图如图 2.3-8 所示。比例比较小时不画剖面的材料图例，比例比较大时画出材料图例。

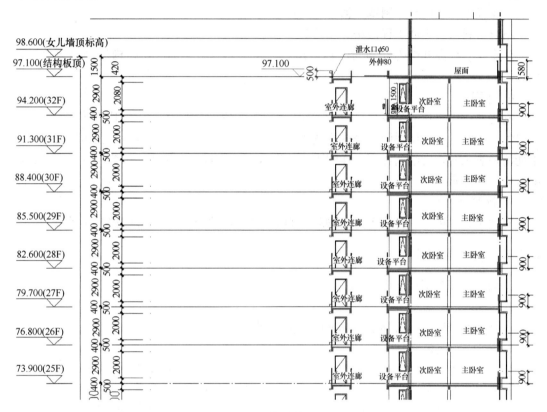

图 2.3-8　某建筑剖面图

主要表达内容有：

墙、柱、轴线、轴线编号；

室外地面、底层地面、各层楼板、吊顶、屋架、屋顶各组成层次、出屋面烟囱、天窗、挡风板、消防梯、檐口、女儿墙、门、窗、吊车、吊车梁、走道板、梁、铁轨、楼梯、台阶、坡道、散水、防潮层、平台、阳台、雨篷、留洞、墙裙、踢脚板、雨水管及其他装修等；

高度尺寸：门、窗、洞口高度、层间高度、总高度等；

标高：底层地面标高；各层楼面及楼梯平台标高；屋面檐口、女儿墙顶、烟囱顶标高；高出屋面的水箱间、楼梯间、电梯机房顶部标高；室外地面标高；底层以下地下各层标高；

节点构造详图索引号。

剖面图主要表达建筑物内部的竖向构造，剖切平面的位置不同，其剖面图也不同，因此读图时特别注意对照平面图，先找到剖切位置，明确投影方向。

读图要点：

看剖面图图标或剖面图的名称，在平面图中根据索引符号找到相应的剖切位置和投影方向。

看各层标高、门、窗、楼梯休息板及各内部设施的标高和竖向尺寸，看过梁、圈梁的位置。

看屋面坡度、门头、雨罩、檐口等的标高。

结合材料做法表或工程做法看内部各部分结构的装修做法。

注意建筑标高和结构标高的区别，建筑标高指装修后的标高，结构标高指装修前的标高。

6. 详图

把需要详细表达的建筑局部用较大比例画出，称为建筑详图。一般比例多采用 1∶5、1∶10、1∶20。如外墙详图、楼梯详图等。当上列图纸对有些局部构造、艺术装饰处理等未能清楚表示时，则绘制详图。详图中应构造合理、用料做法相宜，位置尺寸准确。详图编号应与详图索引号一致。

7. 计算书

有关采光、视线、音响等建筑物理方面的计算书，作为技术文件归档，不外发。

2.3.5 结构施工图

结构施工图包括以下内容：

1. 目录

先列新绘制图纸，后列选用标准图或重复利用图。

2. 设计总说明

所选用结构材料的品种、规格、型号、强度等级等，某些构件的特殊要求；地基土概况，对不良地基的处理措施和基础施工要求；所采用的标准构件图集；

施工注意事项：如施工缝的设置；特殊构件的拆模时间、运输、安装要求等。

3. 基础平面图

基础平面图是假想在地面与基础之间用一个水平面剖切，移去上面部分，将下面部分去掉泥土后作水平投影，所得剖视图。被剖切到的基础墙用粗实线表示断面，下面的垫层（即基础槽）用细线表示。某建筑基础平面图如图 2.3-9 所示。

基础平面图包含：

承重墙位置、柱网布置、基坑平面尺寸及标高，纵横轴线关系、基础和基础梁布置及编号、基础平面尺寸及标高；

基础的预留孔洞位置、尺寸、标高；

桩基的桩位平面布置及桩承台平面尺寸；

有关的连接节点详图；

说明，如基础埋置在地基土中的位置及地基土处理措施等。

4. 基础详图

基础详图是用垂直于定位轴线的平面将基础墙剖切开所得的剖面图，基础详图一般采

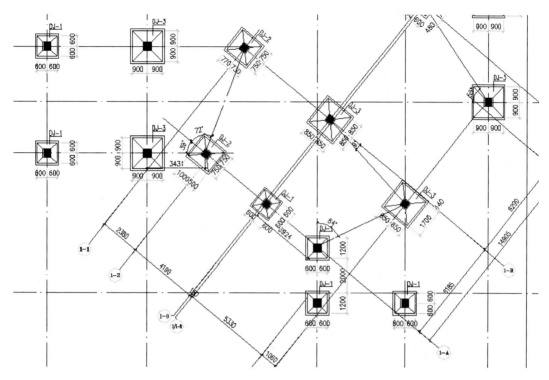

图 2.3-9　某建筑基础平面图

用较大比例绘制。某独立基础的基础详图如图 2.3-10 所示。

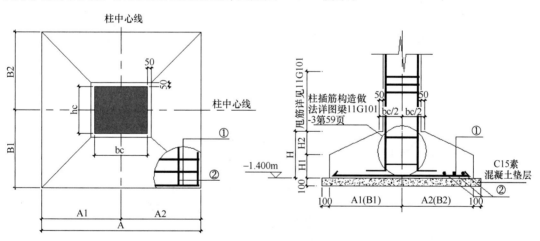

基础详图

图 2.3-10　某建筑基础详图

基础详图主要表达内容有：

条形基础的剖面（包括配筋、防潮层、地图梁、垫层等）、基础各部分尺寸、标高及轴线关系；

独立基础的平面及剖面（包括配筋、基础梁等）、基础的标高、尺寸及轴线关系；

桩基的承台梁或承台板钢筋混凝土结构、桩基位置、桩详图、桩插入承台的构造等；

筏形基础的钢筋混凝土梁板详图以及承重墙、柱位置；

箱形基础的钢筋混凝土墙的平面、剖面、立面及其配筋；

说明：基础材料、防潮层做法、杯口填缝材料等。

5. 结构布置图

多层建筑应有各层结构平面布置图及屋面结构平面布置图，某建筑结构平面图如图 2.3-11所示。

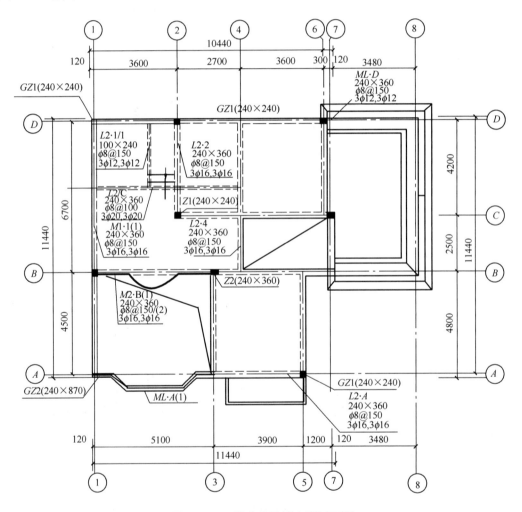

图 2.3-11 某建筑结构布置平面图

各层结构平面布置图内容包括：

与建筑图一致的轴线网及墙、柱、梁等位置、编号；

预制板的跨度方向、板号、数量、预留孔洞位置及其尺寸；

现浇板的板号、板厚、预留孔洞位置及其尺寸，钢筋平面布置、板面标高；

圈梁平面布置、标高、过梁的位置及其编号。

屋面结构平面布置图内容除按各层结构平面布置图内容外，还应有屋面结构坡比、坡向、屋脊及檐口处的结构标高等。

单层有吊车的厂房应有构件布置图及屋面结构布置图。

构件布置图内容包括：柱网轴线；柱、墙、吊车梁、连系梁、基础梁、过梁、柱间支撑等的布置；构件标高；详图索引号；有关说明等。

屋面布置图内容包括：柱网轴线；屋面承重结构的位置及编号、预留孔洞的位置、节点详图索引号、有关说明等。

6. 钢筋混凝土构件详图

某建筑钢筋混凝土构件详图如图 2.3-12 所示。

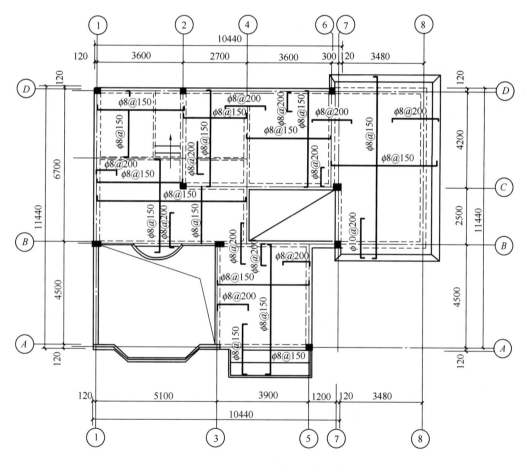

图 2.3-12 某建筑钢筋混凝土构件详图

（1）现浇构件详图内容包括：纵剖面、横剖面、留洞、预埋件的位置尺寸和说明。

（2）预制构件详图内容包括：复杂构件的模板图、配筋图、钢筋尺寸和说明。

（3）节点构造详图

预制框架或装配整体框架的连接部分、楼层构件或柱与墙的锚接等，均应有节点构造详图。某建筑墙身构造详图如图 2.3-13 所示。

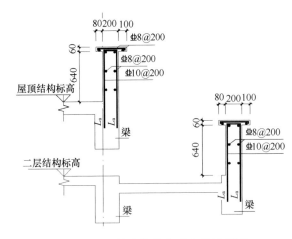

图 2.3-13　某建筑墙身节点构造详图

节点构造详图应有平面、剖面，按节点构造表示出连接材料、附加钢筋、预埋件的规格、型号、数量、连接方法以及相关尺寸、与轴线关系等。

2.3.6　暖通施工图

暖通施工图包括以下内容：

1. 目录

先列新绘制图纸，后列选用的标准图或重复利用图。

2. 设计总说明

供暖总耗热量及空调冷热负荷、耗热、耗电、耗水等指标；热媒参数及系统总阻力，散热器型号；空调室内外参数、精度；制冷设计参数；空气洁净室的净化级别；隔热、防腐、材料选用等；图例、设备汇总表。

3. 平面图

平面图分有采暖平面图、通风、除尘平面图；空调平面图、冷冻机房平面图、空调机房平面图等。

采暖平面图主要内容包括：采暖管道、散热器和其他采暖设备、采暖部件的平面布置，标注散热器数量、干管管径、设备型号规格等。某建筑采暖平面图如图 2.3-14 所示。

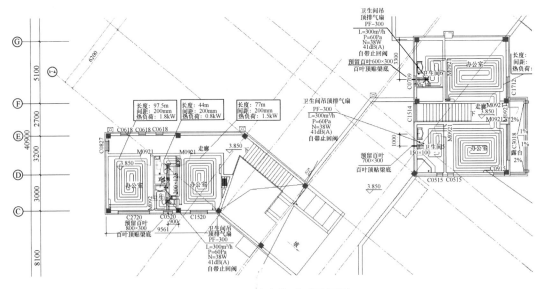

图 2.3-14　某建筑采暖平面图

通风、除尘平面图主要内容包括：管道、阀门、风口等平面布置，标注风管及风口尺寸、各种设备的定位尺寸、设备部件的名称规格等。

空调平面图主要内容除包括通风除尘平面图内容外，还增加标注各房间基准温度和精度要求、精调电加热器的位置及型号、消音器的位置及尺寸等。

冷冻机房平面图主要内容包括：制冷设备的位置及基础尺寸、冷媒循环管道与冷却水的走向及排水沟的位置、管道的阀门等。

空调机房平面图主要内容包括：风管、给水排水及冷热媒管道、阀门、消音器等平面位置，标注管径、断面尺寸、管道及各种设备的定位尺寸等。

4. 剖面图

剖面图分通风、除尘和空调剖面图；空调机房、冷冻机房剖面图。通风、除尘和空调剖面图主要内容包括：对应于平面图的管道、设备、零部件的位置。标注管径、截面尺寸、标高；进排风口型式、尺寸及标高、空气流向、设备中心标高、风管出屋面的高度、风帽标高、拉索固定等。

空调机房、冷冻机房剖面图主要内容包括：通风机、电动机、加热器、冷却器、消音器、风口及各种阀门部件的竖向位置及尺寸；制冷设备的竖向位置及尺寸。标注设备中心、基础表面、水池、水面线及管道标高、汽水管的坡度及坡向。

5. 系统图

系统图分有采暖管道系统图、通风空调和除尘管道系统图、空调冷热媒管道系统图。

系统图中应标注管道的管径、坡度、坡向及有关标高，各种阀门、减压器、加热器、冷却器、测量孔、检查口、风口、风帽等各种部件的位置。

6. 原理图

空调系统控制原理图内容有：

整个空调系统控制点与测点的联系、控制方案及控制点参数；

空调和控制系统的所有设备轮廓、空气处理过程的走向；

仪表及控制元件型号。

7. 计算书

有关采暖、通风、除尘、空调、制冷和净化等各种设备的选择计算等，作为技术文件归档，不外发。

2.3.7　给水排水施工图

给水排水施工图包括以下内容：

1. 目录

先列新绘制图纸，后列选用的标准图或重复利用图。

2. 设计总说明

设计总说明分别写在有关的图纸上。

3. 平面图

主要表达内容有：

底层及标准层主要轴线编号、用水点位置及编号、给水排水管道平面布置、立管位置及编号、底层给水排水管道进出口与轴线位置尺寸和标高；

热交换器站、开水间、卫生间、给水排水设备及管道较多的地方，应有局部放大平面图；

建筑物内用水点较多时，应有各层平面卫生设备、生产工艺用水设备位置和给水排水管道平面布置图。

某建筑给水排水平面图如图 2.3-15 所示。

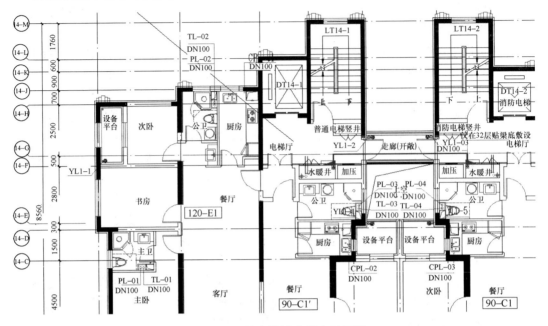

图 2.3-15　某建筑给水排水平面图

4. 系统图

各种管道系统图应表明管道走向、管径、坡度、管长、进出口（起点、末点）、标高、各系统编号、各楼层卫生设备和工艺用水设备的连接点位置和标高。在系统图上需注明室内外标高差及相对于室内底层地面的绝对标高。

5. 局部设施

当建筑物内有提升、调节或小型局部给水排水处理设施时，应有其平面、剖面及详图，或注明引用的详图、标准图等。

6. 详图

凡管道附件、设备、仪表及特殊配件需要加工又无标准图可以利用时，应有相应的详图。

2.3.8　电气施工图

电气施工图包括以下内容：

1. 电力平面图

动力、干线配电等平面布置；线路走向、引入线规格。

某建筑电力平面图如图 2.3-16 所示。

2. 照明平面图

配电箱、灯具、开关、插座、线路等平面布置；

线路走向、引入线规格；

说明：电源电压、引入方式；导线选型和敷设方式；照明器具安装高度；接地或接零；

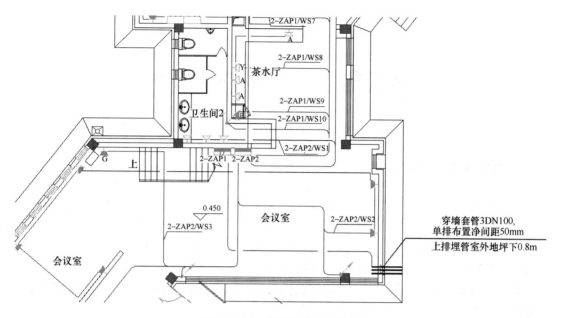

图 2.3-16　某建筑电力平面图

照明器具、材料表。

某建筑照明平面图如图 2.3-17 所示。

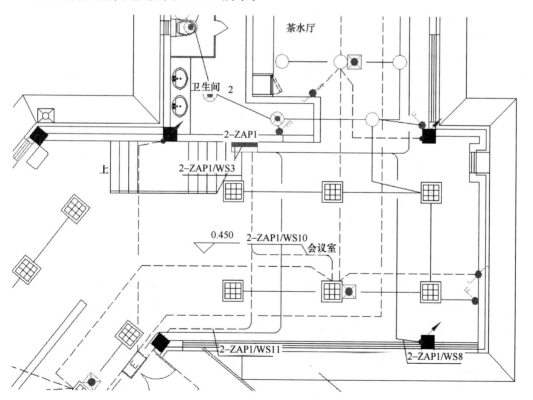

图 2.3-17　某建筑照明平面图

第三章　Revit 基本操作

3.1　Revit 软件概述

Autodesk Revit 软件是美国数字化设计软件供应商 Autodesk 公司面向建筑行业的三维参数化设计软件平台。Revit 最早是一家名为 Revit Technology 的公司于 1997 年开发的三维参数化建筑设计软件。2002 年，美国 Autodesk 公司以 2 亿美元收购了 Revit Technology，将 Revit 正式纳入 Autodesk BIM 解决方案中。

Revit 为 BIM 这种理念的实践和部署提供了工具和方法，是目前最为主流的 BIM 设计和建模软件之一。

目前 Revit 软件包括 Revit Architecture（Revit 建筑模块）、Revit Structure（Revit 结构模块）和 Revit MEP（Revit 机电模块——给水排水、暖通、电气）三个专业模块，以满足完成各专业任务的应用需求。

Revit 是三维参数化 BIM 工具。参数化是 Revit 的一个重要特征，它包括参数化族和参数化修改引擎两个特征。利用 Revit 建立的模型具有三维显示功能，构件具有参数化、关联性的特点，在建模和出图方面都表现的更加准确快捷。而广为流行的传统设计工具以 AutoCAD 为主，主要用于二维设计、二维绘图、详图绘制等，同时也具备三维显示功能，但包含的信息量和使用功能跟 BIM 模型相比还存在很大的差别。Revit 和 CAD 对比见表 3.1-1。

Revit 和传统 CAD 对比　　　　　　　　　　　　　　　　　表 3.1-1

	Revit	CAD
内涵差异	从三维出发必然包含二维模型	二维出发兼顾三维形象
设计平台	在同一平台从平面、立面、剖面及三维视图进行设计，多重尺寸可同时准确定位	主要进行平面绘制，且只能在单一视图进行构件的布置
参数设计	由多个属性参数控制，能够自由进行模型的外观、材质、样式、大小的变化	在平面图上使用线条绘制表示构件，只能进行三维设备的简单大小变化
设备建模	使用丰富的族样板和方便的三维创建功能，快速方便地进行设备的制作	由前期程序定制好，不能自动进行新设备的设计制作
图纸修改	各视图关联，修改平面、立面、剖面及三维视图其中一个视图，其他视图联动修改	只能在平面视图进行修改，立面、剖面需要手动进行更新
断面视图	以视图的形式生成，可以根据要求进行隐藏或显示构件及添加材质	以整体块的形式存在的断面视图，只能查看，不能单独编辑
协同设计	通过链接功能链接各专业模型，生成局部三维视图，方便定位和管理，同时可以导入到其他平台进行碰撞分析检测	只能在二维的状态下通过外部参照功能进行平面的协同

Revit 中对象都是以族构件的形式出现，这些构件是通过一系列参数定义的。参数保存了图元作为数字化建筑构件的所有信息。

参数化修改引擎则确保用户对模型任何部分的任何改动都可以自动修改其他相关联的部分。在 Revit 模型中，所有的图纸、二维视图和三维视图以及明细表都是同一个基本建筑模型数据库的信息表现形式。在图纸视图和明细表视图中操作时，Revit 将收集有关建筑项目的信息，并在项目的其他所有表现形式中协调该信息。Revit 参数化修改引擎可自动协调在任何位置（模型视图、图纸、明细表、剖面和平面中）进行的修改。

3.2　Revit 界面介绍

3.2.1　启动界面

成功安装 Revit 2016 后，双击桌面 Revit 2016 快捷方式图标■即可启动进入到启动界面。界面左侧显示"打开""新建"项目及"打开""新建"族，中间显示最近打开的项目或族，右侧显示"资源"，新建项目后，打开 Revit 2016 操作界面，Revit 采用 Ribbon 界面。

3.2.2　项目界面

1. 应用程序菜单

应用程序菜单位于软件开启后界面的左上方■，应用程序菜单提供对常用文件操作的访问，包括"最近打开的文件""新建""打开""另存为""导出"和"发布"等，点击应用程序菜单中的"选项"按钮，可以查看和修改文件位置、用户界面、图形设置等。

（1）项目的创建和编辑

① 项目的创建

选择菜单中的"新建"→"项目"选项，如图 3.2-1 所示，弹出"新建项目"对话框，可以新建一个项目或者是项目样板，在此之前，要先选择所需的样板文件，如图 3.2-2 所示。

Revit 提供的默认样板文件，往往比较简单，不能够满足项目需求，这是需要点击"浏览"，添加所需要的样板文件，如果没有合适的项目样板，需要制作项目所需的项目样板，再添加到项目使用。

② 项目的编辑

单击"管理"选项卡"项目设置"面板"项目信息"选项，即可输入项目信息，如图 3.2-3所示。

（2）族的创建

Revit 提供了族编辑器，可根据设计要求自由创建、修改所需族文件。如图 3.2-4 所示，单击"新建"，可创建所需的族文件。族的创建详见本书后面章节。

（3）"选项"命令的使用

单击右下角的"选项"命令，会出现"常规""用户界面""图形""文件位置""渲染"等选项，如图 3.2-5 所示。

图 3. 2-1　应用程序菜单

图 3. 2-2　新建样板文件

图 3.2-3　编辑项目信息

图 3.2-4　族的创建

图 3.2-5　选项命令

①"常规"选项

"常规"选项可以保存提醒时间、日志文件的清理、工作共享的更新频率、默认的视图规程，如图 3.2-5 右侧图所示。

②"用户界面"选项

在"用户界面"中可以配置 Revit 是否显示的建筑、结构、机电部分的工具选项卡。

取消勾选"启动时启动最近使用的文件页面"，退出 Revit 后再次进入，仅显示空白页面，若要显示最近使用的文件，重新勾选即可。

③"图形"选项

"图形"选型中常用到的是"颜色"，可以对背景等颜色进行修改。

④"文件位置"选项

在"文件位置"选项中会显示最近使用过的样板，也可以利用选项卡，添加新的样板。同时也可以设置默认的样板文件、用户文件默认路径及族样板文件默认路径。

2. 功能区

功能区共包括三部分：选项卡、上下文选项卡、选项栏。

（1）选项卡

选项卡中包括了 Revit 中的主要命令，如图 3.2-6 所示。

图 3.2-6 功能选项卡

①"建筑"选项卡——创建建筑模型所需工具。

②"结构"选项卡——创建结构模型所需工具。

③"系统"选项卡——创建通风、管道、电气所需工具。

④"插入"选项卡——用于添加和管理次级项目，例如导入 CAD、链接 Revit 模型等。

⑤"注释"选项卡——将二维信息添加到设计当中。

⑥"修改"选项卡——用于编辑现有图元、数据和系统。

⑦"体量和场地"选项卡——用于建模和修改概念体量族和场地图元。

⑧"协作"选项卡——用于与内部和外部项目团队成员协作的工具。

⑨"视图"选项卡——用于管理和修改当前视图以及切换视图。

⑩"管理"选项卡——对项目和系统参数的设置管理。

⑪"附加"选项卡——安装第三方插件后，才能使用附加模块。

（2）上下文选项卡

上下文选项卡是在使用某个工具或选中某图元时跳转到的针对该命令的选项卡，为方便完成后续工作而出现，起到承上启下的作用。完成该命令或退出选中图元时，该选项卡将自动关闭。

如图 3.2-7 所示，选中墙图元之后，选项卡栏自动跳转到上下文选项卡，包含修改墙体的各种命令以及常用的修改编辑工具。完成墙体编辑修改后，"修改/墙"一栏将自动

图 3.2-7　功能选项卡

关闭。

（3）选项栏

功能区面板下方即"选项栏"，当选择不同的工具命令时，或选择不同的图元时，"选型栏"会显示与该命令或图元有关的选项，从中可以设置或编辑相关参数。

如图 3.2-8 所示即选中叠层墙后，"选项栏"所给出的提示，为当前选中的对象提供选项进行编辑。

图 3.2-8　功能选项卡

3. 属性面板

图元的属性包括实例属性和类型属性。实例属性是单个图元的属性；类型属性是同类型图元的属性。如图 3.2-9 所示，选中墙上的窗户，此时 Revit 显示的是这扇窗户的实例属性，点击"编辑类型"，可弹出类型属性对话框。

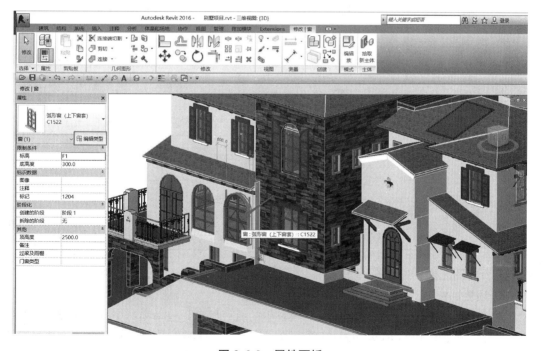

图 3.2-9　属性面板

首先修改选中图元的实例属性，这扇窗户现在"底高度"为 300.0 将这扇窗户的"底高度"调整为 800.0，如图 3.2-10 所示，可见选中的窗户向上偏移了 500，而未被选中的窗户并没有发生变化。说明实例属性只改变选中图元的属性。

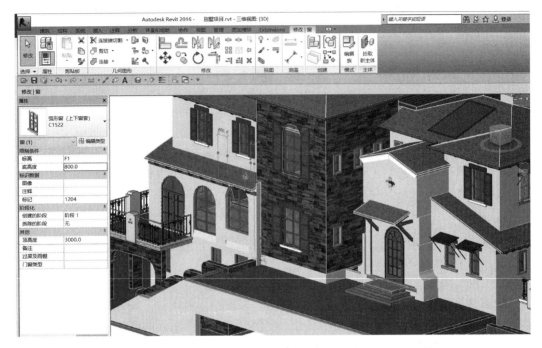

图 3.2-10　修改限制条件变化

在"属性面板"中点击"编辑类型",此时弹出的类型属性对话框,如图 3.2-11 所示。

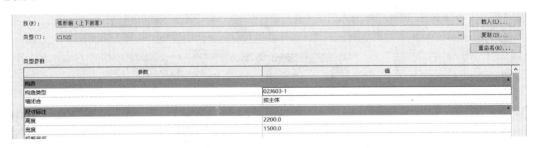

图 3.2-11　类型属性

可以看到这扇窗的高度是 2200mm,宽度是 1500mm,若将其高度从 2200mm 改为 2800mm,此时两扇窗户的高度都发生了变化,如图 3.2-12 所示,说明类型属性可以改变同类型所有图元的属性。

4. 项目浏览器

项目浏览器是用于组织和管理当前项目中的所有信息,包括项目中所有的视图、明细表、图纸、族、链接的 Revit 模型等项目资源。项目设计时,最常用的就是利用项目浏览器在各个视图中进行切换,如图 3.2-13 所示。

如果关闭了项目浏览器,可以从"视图"选项卡中选择"窗口"面板上的"用户界面"工具,如图 3.2-14 所示,弹出的下拉选项中,勾选"项目浏览器"选项,即可重新打开项目浏览器。

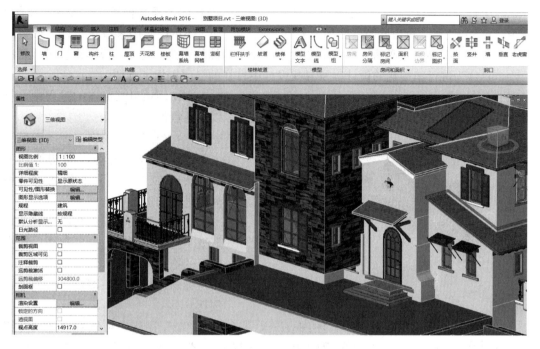

图 3. 2-12　修改类型属性变化

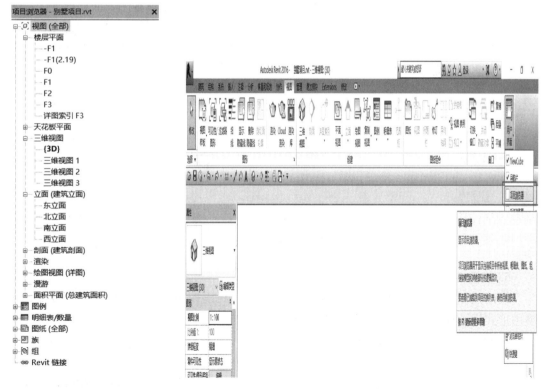

图 3. 2-13　项目浏览器　　　　　　图 3. 2-14　项目浏览器打开和关闭

在项目浏览器中，可以从平、立、剖和三维等不同角度去观察模型。在使用"平铺"命令（WT）之后，可以同时看到所有打开的视图，加之 Revit 使用参数化设计，所有的构件在各个视图都是互通的，在一个视图中改变了构件的属性，其他的视图也会进行相应的改变，这为进行精细化的设计以及寻找设计中存在的错误提供了方便。

在使用项目浏览器的过程中，有以下几点值得注意：

（1）当需要使用剖面视图看模型内部时候，可以先将视图切换到三维，然后在"属性"中找到"剖面框"进行勾选。

此时三维模型周围会出现一个矩形框，选中矩形框，会出现图中箭头所示的拖动标志，如图 3.2-15 所示。按住标志进行拖动，即可对模型进行剖切。

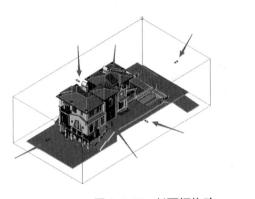

图 3.2-15　剖面框拖动

（2）单击"项目浏览器"中"明细表"类别前面的"＋"图标，可以看到"门明细表"和"窗明细表"，双击"窗明细表"打开视图，即可显示项目中所有窗的统计信息。

（3）在进行项目应用时，需要使用"项目浏览器"频繁地切换视图，而切换视图的次数过多，可能会因为视图窗口过多而消耗计算机内存，因此需及时关闭多余的视图，点击视图右上方的"×"即可关闭视图，如果所有的视图都需要，可通过"视图"选项卡，点击"切换窗口"命令，如图 3.2-16 所示进行窗口的切换。

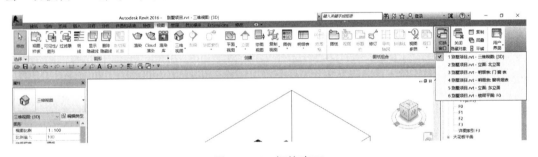

图 3.2-16　切换窗口

5. 视图控制栏

视图控制栏位于 Revit 窗口底部的状态栏上方，可以控制视图的比例、详细程度、模型图形式样、临时隐藏等，如图 3.2-17 所示。

下面介绍视图控制栏里常用的命令。

（1）视图样式

视图样式按显示效果由弱变强可分为线框、隐藏线、着色，显示的效果越好，计算机消耗的资源也就越多，对计算机的性能要求也就越高，故需根据自己的需要，选择合适的显示效果。

图 3.2-17　视图控制栏

（2）临时隐藏/隔离

临时隐藏/隔离命令可以帮助在设计过程中，临时的隐藏或者突显需要观察或者编辑的构件，为绘图工作提供了极大的方便，当 🔾 变为 🔾 时，说明有对象被临时隐藏。选择需要编辑的图元，如图 3.2-18 所示单击临时隐藏按钮，可以看到有四个选项：隔离类别、隐藏类别、隔离图元、隐藏图元。

图 3.2-18　临时隐藏/隔离

① 隔离类别

只显示与选中对象相同类型的图元，其他图元将被临时隐藏。

② 隐藏类别

选中的图元与其具有相同属性的图元将会被隐藏。

③ 隔离图元

只显示选中的图元，与其具有相同类别属性的图元不会被显示。

④ 隐藏图元

只有选中的图元会被隐藏，同类别的图元不会被隐藏。

恢复被临时隐藏图元的方法：再次点击临时隐藏/隔离命令 🔾，选择"重设临时隐藏/隔离"，如图 3.2-19 所示，则所有被隐藏的图元均会重新显示在视图范围。

图 3.2-19　恢复被临时隐藏图元

恢复部分被隐藏的图元的方法：点击临时隐藏/隔离命令 🔾，选择最上方的"将隐藏/隔离应用到视图"，完成之后，点击"显示隐藏图元" 💡 按钮，此时被隐藏的图元显示为暗红色。选中想要被显示的图元，单击鼠标右键，点击"取消在视图中隐藏"→"图元"，如图 3.2-20 所示。完成后再次单击"显示隐藏图元工具"按钮，即可重新显示被隐藏的图元。

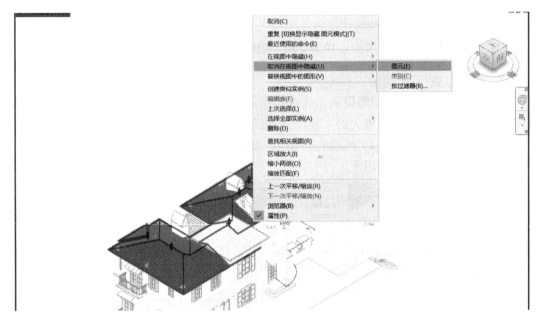

图 3.2-20　显示隐藏的图元

6. ViewCube

在三维视图中，ViewCube 工具可以方便地将视图旋转至东南轴测、顶部视图等常用的三维视点。默认情况下，该工具位于三维视图的右上角。

ViewCube 立方体中各定点、边、面和指南针的指示方向，代表三维视图中不同的视点方向，单击立方体或指南针的各部分，可以在各个视图间切换显示，按住 ViewCube 的任意位置移动鼠标，可以旋转视图。例如，单击 ViewCube 立方体的左上角，如图 3.2-21 所示，将切

图 3.2-21　切换 换视图方向为西南轴测视图，效果如图 3.2-22 所示。

视图方向 使用 ViewCube 可以在三维视图中按各指定方向快速查看模型，在做方案表达时可极大地提高工作效率。值得注意的是，使用 ViewCube 仅改变三维视图中相机的视点位置，并不能代替项目中的立面视图。

7. 状态栏

状态栏位于应用程序窗口的底部，如图 3.2-23 所示。使用某一工具时，状态栏左侧会提供一些技巧或提示。高亮显示图元或构件时，状态栏会显示族和类型的名称。

状态栏的右侧会显示其他控件：

（1）工作集

工作集提供对工作共享项目的工作集对话框的快速访问。该显示字段显示处于活动状态的工作集。使用下拉列表可以显示已打开的其他工作集。（若要隐藏状态栏上的工作集

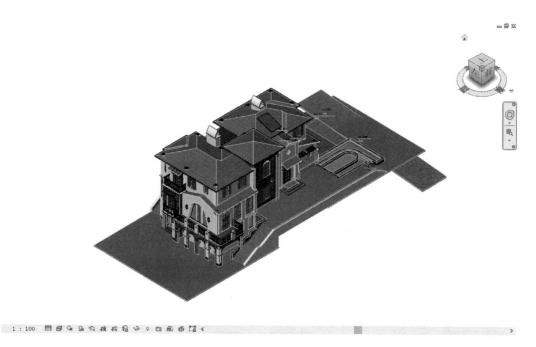

图 3.2-22　切换视图方向效果

图 3.2-23　状态栏

控件，请单击"视图"选项卡→"窗口"面板→"用户界面"下拉列表，然后清除"状态栏-工作集"复选框。）

（2）设计选项

设计选项提供对设计选项对话框的快速访问。该显示字段显示处于活动状态的设计选项。使用下拉列表可以显示其他设计选项。使用"添加到集"工具可以将选定的图元添加到活动的设计选项。（若要隐藏状态栏上的设计选项控件，请单击"视图"选项卡→"窗口"面板→"用户界面"下拉列表，然后清除"状态栏-设计选项"复选框。）

（3）仅活动项

仅活动项用于过滤所选内容，以便仅选择活动的设计选项构件。参见在"设计选项"和"主模型"中选择图元。

（4）排除选项

排除选项用于过滤所选内容，以便排除属于设计选项的构件。

（5）单击＋拖拽

单击＋拖拽用于实现选择图元的情况下拖拽图元。

（6）仅可编辑

仅可编辑用于过滤所选内容，以便仅选择可编辑的工作共享构件。

（7）过滤

过滤用于优化在视图中选定的图元类。

例如，按住 Ctrl 键，鼠标一次点选墙、窗 C0718、窗 C1224 三种图元，点击右下角

41

的过滤器按钮 🔽:4，出现如图 3.2-24 所示。

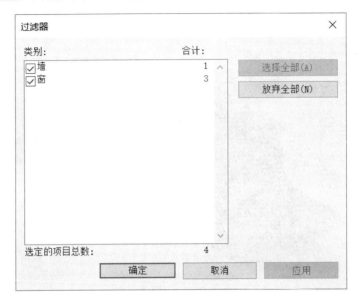

图 3.2-24　过滤器

选择三种图元，由于选择了两扇窗，所以选定的项目总数为 4，墙个数为 1，窗图元个数为 3，此时取消窗图元的勾选并点击确定，如图 3.2-25 所示。从视图中可以看出，现在只有墙是被选中的，如图 3.2-26 所示。

图 3.2-25　取消窗图元

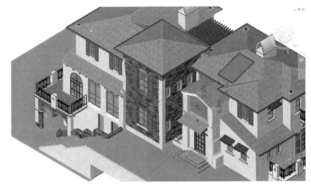

图 3.2-26　过滤后效果

8. 信息中心

用户在遇到使用困难时，可随时点击"帮助与信息中心"栏中的"Help"，打开帮助文件查阅相关帮助。

如果是 Autodesk 用户，还可以登录到 Autodesk 中心，使用一些只为 Autodesk 用户提供的功能，例如对概念体量进行建筑性能分析、能耗分析等。

9. 快速访问工具栏

单击快速访问工具栏后的下拉按钮，将弹出工具列表。可以添加一些快速访问的选项，方便使用者快速地使用某些访问命令。

（1）移动快速访问工具栏

快速访问工具栏可以显示在功能区的上方或下方。要修改设置，在快速访问工具栏上

单击"自定义快速访问工具栏" ▼ 下拉列表"在功能区上方显示"即可。默认设置为快速

访问栏的工具，如图 3.2-27 所示。

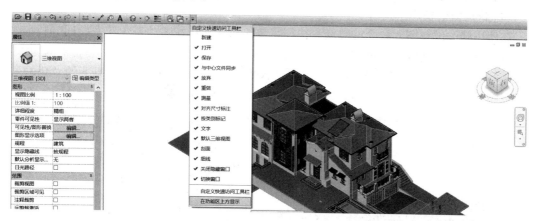

图 3.2-27　自定义快速访问工具栏

在功能区内浏览以显示要添加的工具。在该工具上单击鼠标右键，然后单击"添加到快速访问工具栏"，如图 3.2-28 所示。

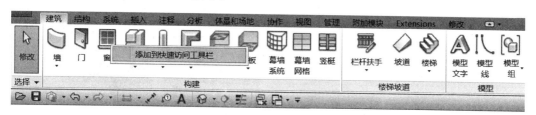

图 3.2-28　添加到快速访问工具栏

（2）自定义"快速访问工具栏"

要快速修改"快速访问工具栏"，可在"快速访问工具栏"的某个工具上单击鼠标右键，然后选择下列选项之一：

① 从"快速访问工具栏"中删除：删除工具。

② 添加分隔符：在工具的右侧添加分隔符线。

要进行更广泛的修改，请在"快速访问工具栏"下拉列表中，单击"自定义快速访问工具栏"。在该对话框中，执行下列操作，见表 3.2-1 所列。

自定义快速访问工具栏 表 3.2-1

目　　标	操　　作
在工具栏上向上（左侧）或向下（右侧）移动工具	在列表中选择该工具，然后单击 ⬆（上移）或 ⬇（下移）将该工具移动到所需位置

续表

目　　标	操　　作
添加分割线	选择要显示在分隔线上方（左侧）的工具，然后单击 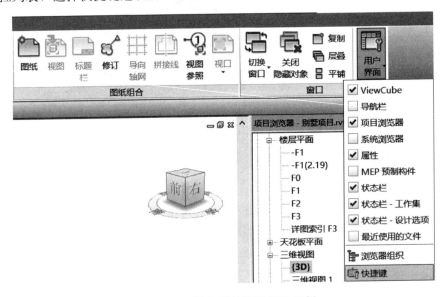（添加分隔符）
从工具栏中删除工具或分割线	选择该工具或分割线，然后单击 ✕（删除）

10. 快捷键的使用

在使用修改编辑图元命令的时候，往往需要进行多次操作，为避免花费时间寻找命令的位置，可使用快捷键加快操作速度。

Revit 还允许用户自定义快捷键，单击"视图"选项卡，"窗口"面板下的"用户界面"下拉列表，选择快捷键选项后，弹出如图 3.2-29 所示的对话框。

图 3.2-29　添加到快速访问工具栏

快捷键主要分为建模与绘图工具常用快捷键、编辑修改工具常用快捷键、捕捉替代常用快捷键、视图控制常用快捷键四种类别。具体分类见表 3.2-2～表 3.2-5 所列。

建模与绘图工具常用快捷键　　　　　　　　　表 3.2-2

命令	快捷键	命令	快捷键
墙	WA	对齐标注	DI
门	DR	标高	LL
窗	WN	高程点标注	EL
放置构件	CM	绘制参照平面	RP
房间	RM	模型线	LI
房间标记	RT	按类别标记	TG
轴线	GR	详图线	DL
文字	TX		

编辑修改工具常用快捷键　　　表 3.2-3

命令	快捷键	命令	快捷键
删除	DE	对齐	AL
移动	MV	拆分图元	SL
复制	CO	修剪/延伸	TR
旋转	RO	偏移	OF
定义旋转中心	R3	在整个项目中选择全部实例	SA
列阵	AR	重复上上个命令	RC
镜像—拾取轴	MM	匹配对象类型	MA
创建组	GP	线处理	LW
锁定位置	PP	填色	PT
解锁位置	UP	拆分区域	SF

捕捉代替常用快捷键　　　表 3.2-4

命令	快捷键	命令	快捷键
捕捉远距离对象	SR	捕捉到原点	PC
象限点	SQ	点	SX
垂足	SP	工作平面网格	SW
最近点	SN	切点	ST
中点	SM	关闭替换	SS
交点	SI	形状闭合	SZ
断点	SE	关闭捕捉	SO
中心	SC		

视图控制常用快捷键　　　表 3.2-5

命令	快捷键	命令	快捷键
区域放大	ZR	临时隐藏类别	HC
缩放配置	ZF	临时隔离类别	IC
上一次缩放	ZP	重设临时隐藏	HR
动态视图	F8	隐藏图元	EH
线框显示模式	WF	隐藏类别	VH
隐藏线模式	HL	取消隐藏图元	EU
带边框着色显示模式	SD	取消隐藏类别	VU
细线显示模式	TL	切换显示隐藏图元模式	RH
视图图元模式	VP	渲染	RR
可见性图元	VV	快捷键定义窗口	KS
临时隐藏图元	HH	视图窗口平铺	WT
临时隔离图元	HI	视图窗口层叠	WC

3.3 Revit 视图

在 Revit 中，所有的平面、立面、剖面图纸都是基于模型得到的"视图"，是建筑信息模型的表现形式。我们可以创建模型的不同视图，有平面视图、立面视图、剖面视图、三维视图，甚至于详图、图例、明细表、图纸都是以视图方式存在的。当模型修改时，所有的视图都会自动更新。

所有的视图都会放在"项目浏览器"的"视图"目录下，不同的项目样板都预设有不同的视图。视图可以新建、打开、复制，也可以被删除。

当打开了多个视图时，可以通过功能选项卡"视图"的"窗口"面板中的命令，如图 3.3-1所示，对窗口进行排布。

图 3.3-1　"窗口"面板

Revit 视图可以通过视图控制栏上的工具或视图属性栏中的参数设置不同的显示方式，这些设置都只影响当前视图。其中常用到的包括：

1. 规程

视图属性栏中的"规程"参数，默认包括"建筑、结构、机械、电气、卫浴、协调"。"规程"不可自行添加，只能选择现有的选项。在多专业模型整合时，"规程"决定该视图显示将以什么专业为主要显示方式，也可以控制项目浏览器中视图目录的组织结构。

Revit 的视图属性里还可以设置"子规程"，按专业默认有"HVAC""卫浴""照明""电力"等。子规程可自行输入添加，与规程一样，可以控制项目浏览器中视图目录的组织结构。

2. 可见性/图形替换

模型对象在视图中的显示控制可以通过"可见性/图形替换"进行。选择功能区"视图"→"可见性/图形替换"命令，或是点击视图属性栏中的"可见性/图形替换"编辑按钮，弹出可见性设置对话框，根据项目的不同，对话框会有多个标签页，以控制不同类别的对象的显示性。在此对话框中可以通过勾选相应的类别，来控制该类别在当前视图是否显示，也可以修改某个类别的对象在当前视图的显示设置，如投影或截面线的颜色、线型、透明度等。

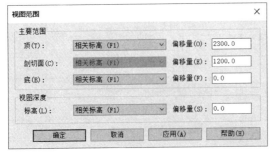

图 3.3-2　"视图范围"对话框

3. 视图范围

视图属性栏中的"视图范围"参数是设置当前视图显示模型的范围和深度的。点击视图属性栏中的"视图范围"编辑按钮，即可在弹出的对话框中设置，如图 3.3-2 所示。不同专业和视图类别对于显示范围有不同的设定。

3.4　选择和查看

在 Revit 中，选择模型对象有多种方式：

1. 预选

将光标移动到某个对象附近时，该对象轮廓将会高亮显示，且相关说明会在工具提示框和界面左下方的"命令提示栏"中显示。当对象高亮显示时，可按 Tab 键在相邻的对象中做选择切换。

2. 点选

用光标点击要选择的对象。按住 Ctrl 键逐个点击要选择的对象，可以选择多个；按住 Shift 键点击已选择的对象，可以将该对象从选择中删除。

3. 框选

将光标移到被选择的对象旁，按住鼠标左键，从左到右拖拽光标，可选矩形框内的所有对象；从右向左拖拽光标，则矩形框内的和与矩形框相交的对象都被选择。同样，按 Ctrl 键可做多个选择，按 Shift 键可删除其中某个对象。

4. 选择全部实例

先选择一个对象，鼠标右键，从右键菜单中选择"选择全部实例"，则所有与被选择对象相同类型的实例都被选中。在后面的下拉选项中可以选择让选中的对象在视图中可见，或是在项目所有视图中都可见。

在项目浏览器的族列表中，选择特定的族类型，右键菜单有同样的命令，可以直接选出该类型的所有实例（当前视图或整个项目）。

5. 通过鼠标和键盘操作查看模型

（1）按住鼠标滚轮：移动视图；

（2）滑动鼠标滚轮：放大或缩小视图；

（3）按住鼠标滚轮＋Shift：旋转视图，可以选中一个构件，再来操作旋转，旋转中心为选中的构件。

3.5　对象编辑通用功能

Revit 提供了多种对象编辑工具，可用于在建模过程中，对对象进行相应的编辑。编辑工具都放在功能选项卡"修改"下，简要介绍见表 3.5-1 所列，在后面案例创建过程中，会详细讲解具体用法。

对象编辑工具介绍

表 3.5-1

命令	功　　能
	对齐，可将一个或多个对象与选定对象对齐
	偏移，可将选定对象沿与其长度垂直的方向复制或移动指定的距离

命令	功　能
	镜像－拾取轴，拾取一条线作为镜像轴，来镜像选定模型对象的位置
	镜像－绘制轴，绘制一条线作为镜像轴，来镜像选定模型对象的位置
	移动，用于将选定对象移动到当前视图的指定位置
	复制，可复制一个或多个选定对象，并在当前视图中放置这些副本
	旋转，可使对象围绕轴旋转
	阵列，对象可以沿一条线（线性）阵列，也可以沿一个弧形（半径）阵列
	缩放，可以按比例调整选定对象的大小
	修剪/延伸为角，修剪或延伸对象，以形成一个角
	修剪/延伸单个对象，修剪或延伸一个对象到其他对象定义的边界
	修剪/延伸多个对象，修剪或延伸多个对象到其他对象定义的边界
	拆分对象，在选定点剪切对象，或删除两点之间的线段
	间隙拆分，将墙拆分成之间已定义间隙的两面单独的墙
	锁定，将对象锁定，防止移动或者进行其他编辑
	解锁，将锁定的对象解锁，可以移动或者进行其他编辑
	删除，直接删除选定对象

模型对象的线型和线宽可以通过"对象样式"和"线宽"来分别控制，注意"对象样式"和"线宽"的设置是针对模型对象的，所以会影响所有视图的显示。

1. 对象样式

选择功能区"管理"→"对象样式"命令，打开"对象样式"对话框，如图 3.5-1 所示。Revit 分别对模型对象、注释等进行线型、线宽、颜色、图案等控制，但要注意的是这里的线宽所用的数值只是线宽的编号而非实际线宽，例如墙线宽的投影是 1，是代表使用了 1 号线宽，实际线的宽度在"线宽"设置窗口中设置。

要注意"对象样式"对话框与"可见性/图形替换"对话框的区别。"对象样式"的设置是针对模型对象的，而"可见性/图形替换"是控制当前视图显示的。在"可见性/图形替换"对话框中，点击下方"对象样式"按钮，也可以打开"对象样式"对话框。

2. 线宽

选择功能区"管理"→"其他设置"→"线宽"命令，打开"线宽"设置窗口，如图 3.5-2所示。Revit 分别对模型线宽、透视视图线宽、注释线宽进行线宽的设置，同时有些编号较大的线条，还对应不同的视图比例设置不同的线宽。

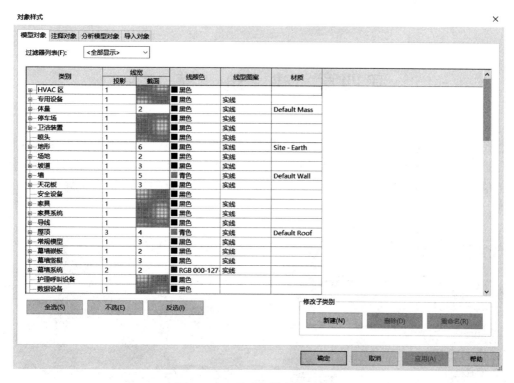

图 3.5-1 "对象样式"对话框

图 3.5-2 线宽设置窗口

第四章　建　筑　模　块

在进行建筑建模之前，要先选择建筑样板，打开 Revit 软件，我们可以使用软件自带的样板文件或者导入我们自己制作的样板文件，选择"项目"→"新建"，在样板文件下拉菜单里选择建筑样板，勾选"项目"，点击确定，即项目采用的是建筑样板文件，如图 4-1 所示。

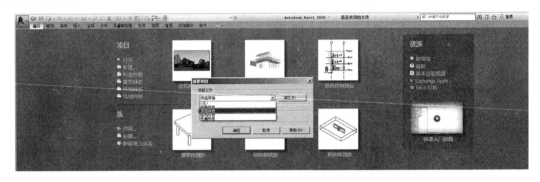

图 4-1　选择样板文件

4.1　标高

与 CAD 软件不同，用 Revit 建模前首先要确定的是项目高度方向的信息，即标高。标高作为项目的基础信息，在建模过程中，构件的高度定位大都与标高紧密联系。需要注意的是，在创建或调整标高时，项目必须处于立面或剖面视图。

4.1.1　创建标高

在项目浏览器中（注：如果项目中无项目浏览器，可通过单击"视图"选项卡→"窗口"面板中"用户界面"→勾选"项目浏览器"即可调出），双击"立面"选项下的"东"立面（可选任意立面，本节以东立面为例），进入东立面视图，项目中默认存在两个标高：标高 1、标高 2。

建立项目标高时，首先可修改默认的标高，例如将标高 2 的标高改为 5.700m：

方法①：如图 4.1-1 所示，鼠标左键选中标高 2，该标高蓝色高亮显示时，点击标高值"4.000（此时的标高值单位为 m)"，进入可编辑状态框，输入"5.7"，按回车键或点击空白处即完成高程修改。

方法②：如图 4.1-2 所示，鼠标左键选中标高 2，该标高蓝色高亮显示时，点击标高 1 与标高 2 之间的尺寸标注"4000.0（此时的标高值单位为 mm)"，进入可编辑状态框，输入"5700"，按回车键或点击空白处即完成高程修改。

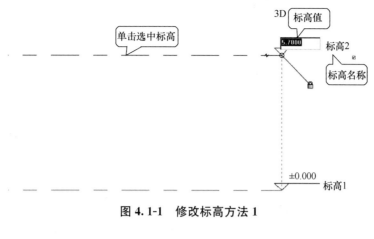

图 4.1-1　修改标高方法 1

图 4.1-2　修改标高方法 2

接着创建新的标高，可通过以下方法：

1. 直接绘制：选择"建筑"或"结构"选项卡→"基准"面板里的"标高"，自动跳转到"修改/放置标高"选项栏，如图 4.1-3 所示。

图 4.1-3　绘制标高

单击"直线"命令，开始绘制标高，当鼠标移动到与默认标高左端对齐时，会出现垂直蓝色虚线，接着直接输入新建标高与相邻已建标高的距离（mm）即可确定标高的高度，单击鼠标左键开始绘制标高，水平向右拖动鼠标直到与默认标高右端对齐，再次点击鼠标左键完成标高创建，如图 4.1-4 所示。

图 4.1-4　完成标高创建

2. 运用"复制"（co）命令创建标高：选中要复制的源标高，单击功能选项卡"修改"下"修改"面板里的"复制"命令，如图4.1-5所示。

首先要调节命令选项栏的设置，如图4.1-6所示。

图4.1-5　复制命令　　　　　　　图4.1-6　复制命令选项栏

（1）约束：只能垂直或者水平方向复制，即正交功能。

（2）多个：可连续进行复制，中间不用再次选择需要复制的标高。

命令栏设置完成后，鼠标放至源标高上单击并向上移动鼠标，手动输入临时尺寸标注数值确定标高的高度，按回车键或点击空白处完成创建，如图4.1-7所示。

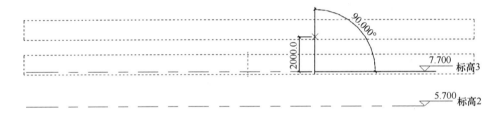

图4.1-7　复制完成标高创建

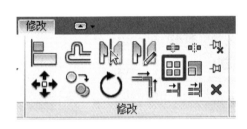

图4.1-8　阵列命令

3. 运用"阵列"命令创建标高："阵列"命令可用于生成多个层高相同的标高，选中要阵列的源标高，单击功能选项卡"修改"下"修改"面板里的"阵列"命令，如图4.1-8所示。

首先进行命令选项栏设置，如图4.1-9所示：

（1）阵列方式："线性"代表阵列对象沿着某一直线方向进行阵列，"径向"代表阵列对象沿着某一圆心进行旋转阵列，由于标高只能进行垂直方向阵列，此处阵列方式默认为线性且不可更改。

图4.1-9　阵列命令选项栏

（2）成组并关联：如勾选"成组并关联"选项，则阵列后的标高将自动成组，需要编辑或解除该组才能修改标头的位置、标高高度等属性。

（3）项目数：阵列后总对象的数量（包括源阵列对象在内）。

（4）移动到："第二个"代表在绘图区输入的尺寸为相邻两两阵列对象的距离，"最后一个"代表输入的尺寸为源阵列对象与最后一个阵列对象的总距离。

（5）约束：同复制命令里约束设置。

命令栏设置完成后，鼠标放至源标高上单击并向上移动鼠标，手动输入临时尺寸标注数值确定阵列距离，按回车键或点击空白处完成创建，如图 4.1-10 所示。

图 4.1-10　阵列完成标高创建

注意：在 Revit 中，楼层平面是和标高符号相关联的，通过直接绘制的新标高，Revit 会在项目浏览器自动生成与之相对应的楼层平面，而通过"复制"和"阵列"创建的新标高，Revit 不会在项目浏览器自动生成与之对应的楼层平面，需要选择功能区"视图"→"平面视图"→"楼层平面"命令，如图 4.1-11 所示。在如图 4.1-12 所示的对话框，选中需要创建楼层平面的标高，点击"确定"即可。

图 4.1-11　新建楼层平面　　　　**图 4.1-12　新建楼层平面对话框**

4.1.2　修改标高

针对标高的自身属性和绘图区显示，我们可以通过以下方式对其进行调整。

1. 标高属性设置

（1）修改标头类型：

选中需要修改的标高，在属性栏选择"下标头"类型，如图 4.1-13 所示。

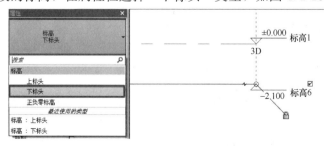

图 4.1-13　修改标头类型

（2）修改标高名称：

选中需要修改的标高，在属性栏选择"名称"，输入标头名称即可；也可以在绘图区点击标头名称，进入可编辑状态，输入新的标头名称；或者在项目浏览器楼层平面，鼠标右键点击标高名称进行重命名即可。

当修改标高名称时会弹出重命名视图的提醒，点击"是"，则对应标高的楼层平面名称会与标高名称一致，如图 4.1-14 所示。

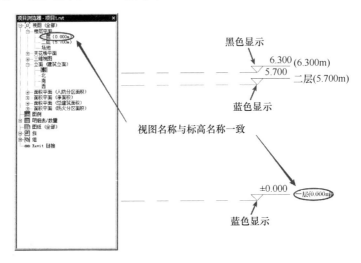

图 4.1-14　视图名称与标高名称一致

（3）修改标高类型属性：

选中标高，在其属性栏单击"编辑类型"，如图 4.1-15 所示，可查看标高符号的对应属性——线宽、颜色等，如图 4.1-16 所示。

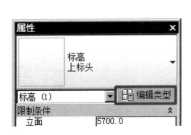

图 4.1-15　"标高"属性栏

图 4.1-16　"标高"类型属性

如果要修改类型属性里面的内容，可以"复制"改名称后再修改所需要的类型，则类型下拉菜单会出现复制（相当于新建）的新的标高类型名称，如果不复制直接修改类型属性，则所创建的同种标高相应参数都会随之改变。

实例属性与类型属性的区别：实例属性指的是单个图元的属性，类型属性指的是同一类图元的属性。

例如：

① 选中墙上的一扇门，此时 Revit 在属性栏中显示的是这扇门的实例属性，如图 4.1-17 所示。

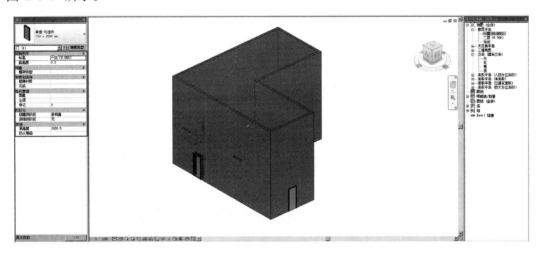

图 4.1-17 图元属性栏

② 接着，将这扇门的"底高度"调整为 1000，如图 4.1-18 所示。

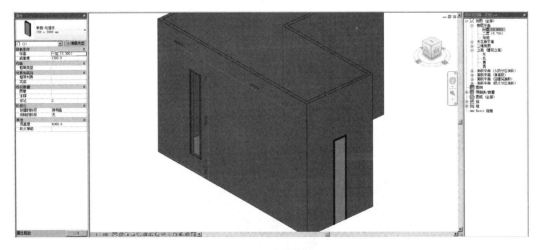

图 4.1-18 修改属性参数

可见选中的墙向上偏移了 1000mm，而未选中的门并没有发生变化。

③然后在"属性"中点击"编辑类型"，此时弹出"类型属性"对话框，如图 4.1-19 所示。

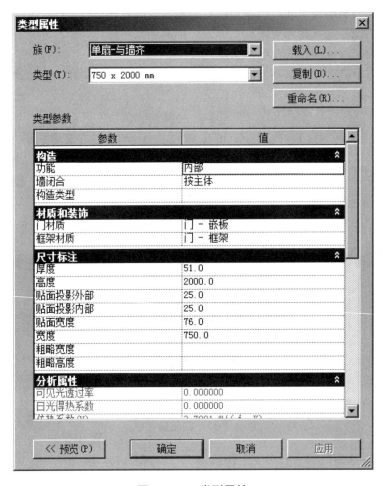

图 4.1-19　类型属性

可以看到这扇门的类型 750×2000mm，将高度由 2000 改为 5000，此时两扇门的高度都发生了变化，如图 4.1-20 所示。

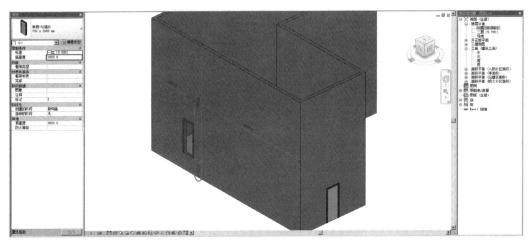

图 4.1-20　修改类型属性后门的变化

2. 绘图区标高设置

在绘图区域选中任意一根标高线，会显示锁头、控制符号、选择框、临时尺寸、虚线，如图 4.1-21 所示。

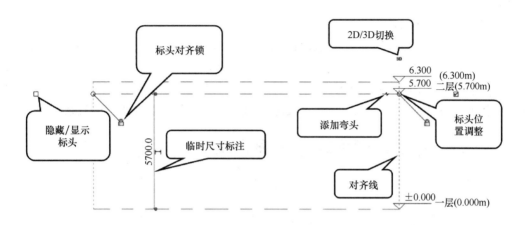

图 4.1-21　绘图区域标高设置

（1）3D/2D 切换：3D 指关联与之对齐的标高，移动该标高标头位置，与之关联的标高也相应移动，2D 指只修改当前视图该标高标头的位置；

（2）隐藏/显示标头：当标高端点外侧方框勾选时，即可打开标高名称显示，不勾选则不显示；

（3）添加弯头：单击标头附近的折线符号，偏移标头，按住蓝色"拖拽点"调整标头位置，主要用于出图时，相邻标头相距过近，不便于观察，可以偏移标头位置；

（4）标头位置调整：左键单击并同时拖动标头圆圈符号，即可调整标头位置；

（5）标头对齐锁：当锁头锁住时，拖动标头位置，与之对齐的标头也随之移动；不锁住时，只改变该标高标头位置，不影响其他标高；

（6）对齐线：控制标高标头对齐；

（7）临时尺寸标注：在 Revit 中，选中一个对象，均会出现临时尺寸，便于查看该对象的相对位置，也可以对临时尺寸值进行修改，从而改变该对象的位置，如果修改某个标高的临时尺寸，则该标高位置根据尺寸值移动，且标高值也相应自动改变。

在完成标高后，为防止之后不小心拖动标高位置，可将其锁定。框选所有标高，在"修改/标高"选项栏，点击 ⫞⫠ "锁定"命令即可。

4.2　轴网

在立面视图创建完标高后，切换到楼层平面进行轴网的创建。在任何一个楼层平面都可以完成轴网的创建，其他楼层平面会自动读取显示绘制好的轴网（对于个别楼层的轴网与主轴网不相同时，可在个别楼层将轴网显示改为 2D 后进行修改，此时只修改当前视图轴网）。

4.2.1 创建轴网

双击项目浏览器任一楼层平面，进入到平面视图，在 Revit 中创建轴网可以采用以下几种方式：

1. 直接绘制选择功能区

"建筑"→ ⊞ "轴网"命令，软件自动跳到"修改/放置轴网"选项栏。如图 4.2-1 所示，共有 5 种绘制轴网的方式，"直线"用于绘制直线的轴网，"起点—终点—半径弧"和"圆心—端点弧"用于绘制弧形的轴网，"拾取线"可以通过拾取模型线或者链接 CAD 的轴网线快速生成轴网，"多段线"用于绘制有折线或者有直线和弧线组成的复杂轴网。

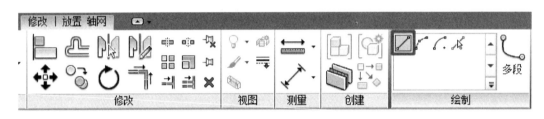

图 4.2-1 绘制轴网

2. 运用修改工具

绘制完一根轴网后，也可以运用"复制""阵列""镜像"等工具创建轴网，轴网自动编号。

注意：用"镜像"命令创建轴网时，镜像生成的轴网，轴号排序反向，如图 4.2-2 所示，需要手动修改轴号。

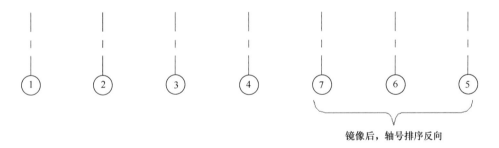

图 4.2-2 轴网镜像后排序

因为 Revit 的轴线编号会自动按顺序生成，所以在绘制过程中也最好按轴号顺序进行，可以先纵向，后横向。创建完 $1\sim n$ 的轴线，再创建横向轴线时，将轴号改为 A，后面则会自动按照 B、C、D……编号。Revit 不会自动避开 I、O 轴号，需手动更改。

4.2.2 修改轴网

1. 轴网属性设置

（1）修改轴网类型：

选中需要修改的轴网，在属性栏选择需要的轴网类型，如图 4.2-3 所示。

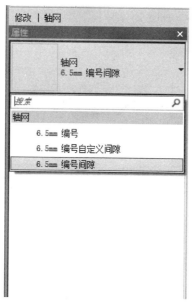

图 4.2-3　修改轴网类型

（2）修改轴网名称：

选中需要修改的轴网，在属性栏选择"名称"输入标头名称即可；也可以在绘图区单击轴网标头直接输入名称。

（3）修改轴网类型属性：

选中轴线，单击属性栏的"编辑类型"按钮，可打开"类型属性"对话框，如图 4.2-4 所示，对其符号、宽度等参数进行设置。

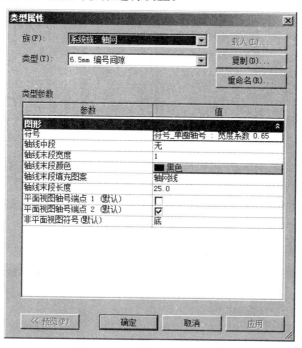

图 4.2-4　"轴网"类型属性

2. 绘图区轴网设置

轴网也可以和标高一样，在绘图区域进行调整，各部分用法如图 4.2-5 所示，调整方式与标高类似。

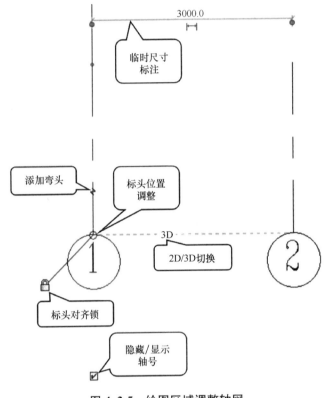

图 4.2-5　绘图区域调整轴网

标高轴网创建完成后，建议保存一个单独的文件，可以作为项目的基准给到结构专业作为参照。

4.3　创建建筑墙体

在 Revit Architecture 中，根据不同的用途和特性，模型对象被划分为很多构件类别，如墙、门、窗等，我们首先从建筑的最基本的模型构件——墙开始。

墙属于系统族，即可以根据指定的墙结构参数定义生成三维墙体模型。墙是 Revit Architecture 中最灵活也是最复杂的建筑构件，在墙体绘制时，需考虑墙体高度、构造做法、立面显示、图纸的要求、精细程度的显示以及内外墙体的区别。当墙体通常会有保温信息，或者墙体在高度方向上、下有不同的材料时，都需要针对不同特性进行更为精细的信息设置，本节主要介绍墙的创建和编辑方法。

4.3.1　建筑墙体属性设置

在绘制墙体前，我们首先要对墙体赋予参数用来确定墙体的高度、位置、墙体构造等信息，选择"建筑"选项卡，单击"构件"面板下的"墙"下拉按钮，单击"墙：建筑"，单击属性对话框墙下拉菜单，分别有"叠层墙""基本墙""幕墙"三种墙类型。本节主要讲解叠层墙与基本墙的创建，幕墙作为更复杂的墙体类型，在后面章节单独介绍。

1. 墙体类型属性设置

选择功能区"建筑"→"墙：建筑"，在其属性栏，单击"编辑类型"，在"类型属性"对话框单击"复制"创建新的墙体类型，弹出"名称"对话框修改名称，如图 4.3-1 所示，确定后，当前类型则为新建的建筑内墙。

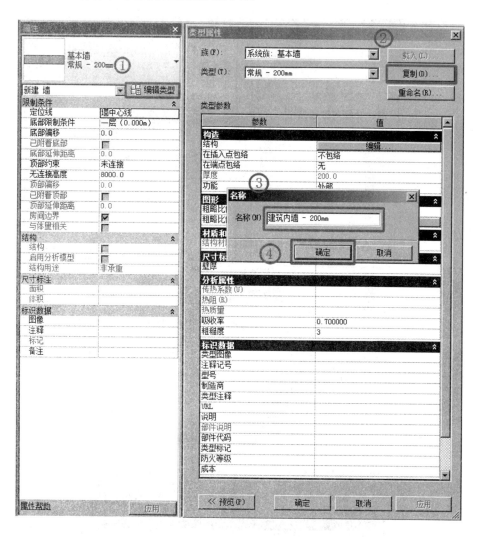

图 4.3-1　墙体类型属性设置

接着设置墙体构造，在"类型属性"对话框，单击"编辑"按钮，如图 4.3-2 所示，弹出"编辑部件"对话框，各部分功能说明如图 4.3-3 所示。

在"层"列表中，单击"插入"按钮，可添加墙体新层，如图 4.3-4 所示，新插入的层默认情况下"功能"栏均显示为"结构［1］"，"厚度"栏均为"0.0"。

图 4.3-2 "编辑"命令

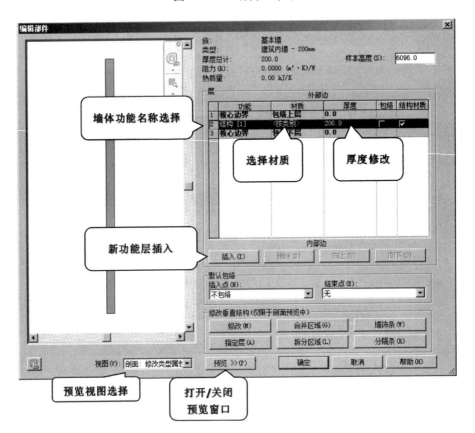

图 4.3-3 "编辑部件"对话框

层				
外部边				
	功能	材质	厚度	包络	结构材质
1	核心边界	包络上层	0.0		
2	结构 [1]	〈按类别〉	0.0	□	□
3	结构 [1]	〈按类别〉	0.0	□	□
4	结构 [1]	〈按类别〉	200.0	□	☑
5	核心边界	包络下层	0.0		
内部边				

图 4.3-4 添加墙体层

墙体"层"列表相当于墙体的截面构造，列表中从上（外部边）到下（内部边）代表墙构造从"外"到"内"的构造顺序。

在"功能"栏列表中共提供了 6 种墙体功能，如图 4.3-5 所示，分别为"结构［1］""衬底［2］""保温层/空气层［3］""面层 1［4］""面层 2［5］""涂膜层"，用于定义墙体每一层构造的类别，只能进行选择，不能自定义输入其他名称，且其中"涂膜层"的厚度必须为"0.0"。

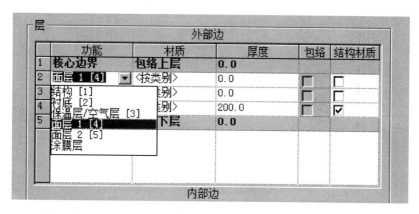

图 4.3-5　墙体层设置

在 Revit 中可以给每个构造层设置材质，材质可以从材质库中挑选，也可以自行设置。

单击任一面层的"材质"栏下的"按类别"，后方出现 ⬚ 按钮，单击可打开如图 4.3-6 所示的"材质浏览器"对话框，如果弹出的"材质浏览器"对话框没有"材质库"，单击

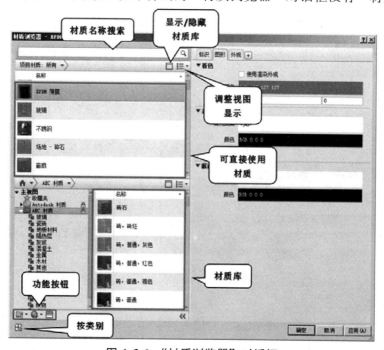

图 4.3-6　"材质浏览器"对话框

"显示/隐藏材质库"按钮就可以调出来。如果"可直接使用材质"列表里面没有需要用的材质类别，可以在"材质库"里选择需要的材质添加上去。

可在材质库中任选一材质，比如"涂料—黄色"，鼠标右键选择"复制"，如图 4.3-7 所示，出现"涂料—黄色（1）"，鼠标右键选择"重命名"，修改名称为"涂料—白色"。

图 4.3-7　复制材质

图 4.3-8　修改材质颜色

选中某材质，即可在"材质浏览器"对话框右方的选项卡中进行材质设置。比如设置材质在着色状态下的显示，选中刚刚新建的"涂料—白色"，在"图形"选项卡下"着色"栏，单击"颜色"后面的色卡，弹出"颜色"对话框，选择白色，单击"确定"，返回"材质浏览器"对话框，"透明度"默认为 0，即材质为不透明。如图 4.3-8 所示。

如果在着色栏勾选"使用渲染外观"，则着色颜色会自动选用渲染材质的颜色。

在"表面填充图案"栏，单击"填充图案"后面的图案，弹出如图 4.3-9 所示的"填充样式"对话框，在对话框下方的"填充图案类型"点选"绘图"，在"填充图案"样式

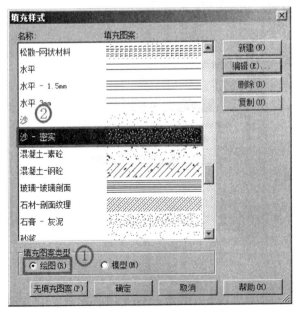

图 4.3-9　表面填充样式对话框

里选择"沙—密实",完成后单击"确定",返回"材质浏览器"对话框。

对于表面填充图案有"绘图"和"模型"两种类型,两者的区别在于当视图比例更改时,模型填充图案相对于模型保持固定尺寸,看上去会产生实物感官的变化,而绘图填充图案相对于图纸保持固定尺寸,不会随着视图比例的变化而变化。

若需要修改填充图案,可单击右侧的"编辑"对其进行修改。

在"截面填充图案"栏,点击打开"截面填充图案"的"填充样式"对话框,如图 4.3-10 所示,截面填充图案没有"模型"类型,所以"模型图案类型"下的"模型"灰色显示。在"填充图案"样式里选择"交叉线

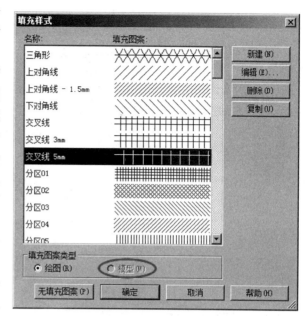

图 4.3-10 截面填充样式对话框

5mm",完成后单击"确定",返回"材质浏览器"对话框。

设置渲染材质,需要到"外观"选项卡,如图 4.3-11 所示,单击左上角第一个按钮"替换此资源",弹出如图 4.3-12 所示"资源浏览器"对话框,在搜索栏输入"白色",在出现的资源列表中选择所需的材质,单击后面的 按钮,关闭"资源浏览器",返回到"材质浏览器"对话框,"涂料—白色"的渲染材质就修改完成了。

图 4.3-11 "外观"选项卡

按同样方法,可以为另一面层选择材质。此处,我们仍然选择"涂料—白色"这个材质。

接下来设置结构层的材质,在其对应的材质编辑框左上方搜索栏输入"混凝土",在下面的材质列表里检索出含"混凝土"的材质,单击选中"混凝土砌块",如图 4.3-13 所示,单击"确定"完成。

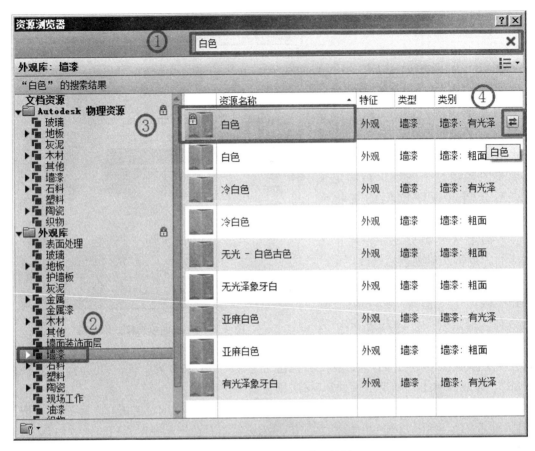

图 4.3-12 "资源浏览器"对话框

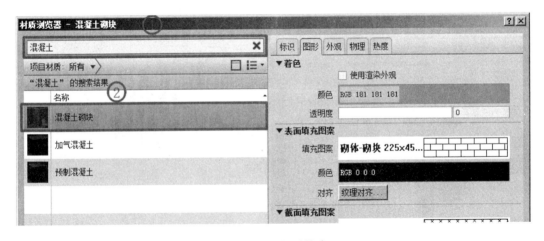

图 4.3-13 材质搜索

设置完成后的墙体构造如图 4.3-14 所示。单击"确定",这样,"建筑内墙－200mm"类型的墙体就创建完成了。

上述介绍了基本墙体构造的创建,下面介绍复合墙的创建,复合墙是指在一面墙中在

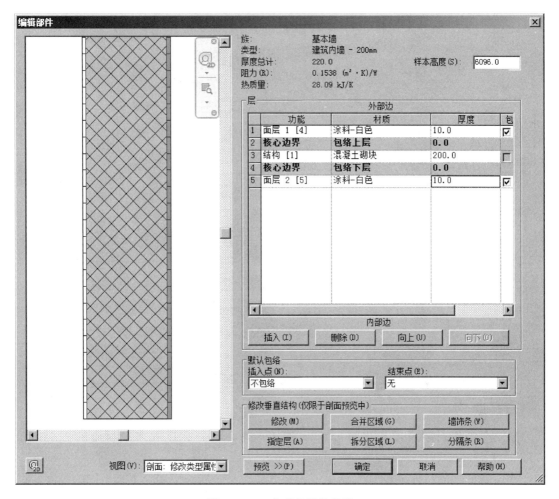

图 4.3-14 完成的墙体构造

几个标高范围有不同的材质。设置方法如下：

对基本墙体构造创建完成后，单击"修改垂直结构"面板中的"拆分区域"按钮，如图 4.3-15 所示，在左侧剖面图上，将所选构造层拆分为上、下多个部分，可用"修改"命令修改尺寸及调整拆分边界位置，原始构造层厚度值变为"可变"。

图 4.3-15 基本墙拆分

单击"插入"按钮，增加所需个数的构造层，设置材质，厚度为"0"。

单击选择一个新加构造层，点击"修改垂直结构"面板中的"指定层"按钮，在左侧墙体剖面预览框中选择上步操作拆分的某个部分，指定给该图层，如图 4.3-16 所示。

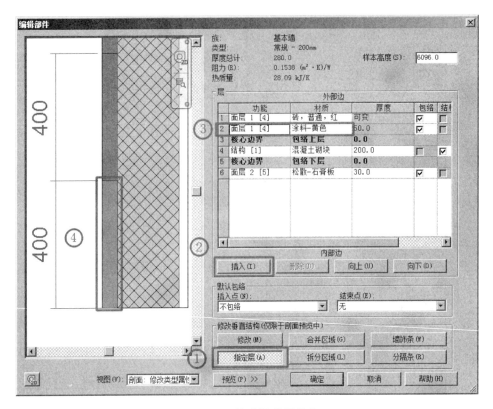

图 4.3-16　修改构造层信息

用同样操作对所有图层设置即可实现一面墙在不同高度有多个材质的需求，如图 4.3-17 所示。

叠层墙是 Revit Architecture 的一种特殊墙体类型。当一面墙上下有不同的厚度，材质，构造层时，可以用叠层墙来创建。创建步骤如下：

叠层墙可看成由几个不同的基本墙组合而成，首先创建好叠层墙中不同类型的基本墙，单击功能区"常用"选项卡"构件"面板中"墙：建筑墙"，从"属性"面板的类型选择器选择"叠层墙"下"砌块勒脚砖墙"，如图 4.3-18 所示。

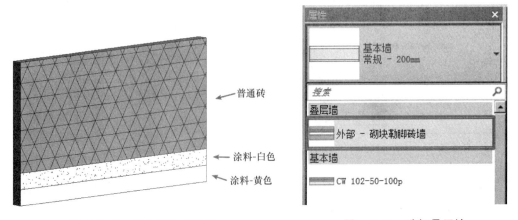

图 4.3-17　复合墙立面效果　　　　图 4.3-18　选择叠层墙

单击"编辑类型"对话框打开"类型属性"对话框，复制新的叠层墙，打开"结构"编辑对话框，如图 4.3-19 所示，单击"插入"，添加新的基本墙类型，在"名称"里选择墙体类型，"高度"里设置不同基本墙的高度，"偏移"设置不同墙体针对垂直对齐线的偏移量。在对话框顶部的"偏移"下拉列表中选择墙体在垂直方向的对齐方式，设置完成后如图 4.3-20 所示，单击"确定"完成设置，关闭对话框即可创建叠层墙体。

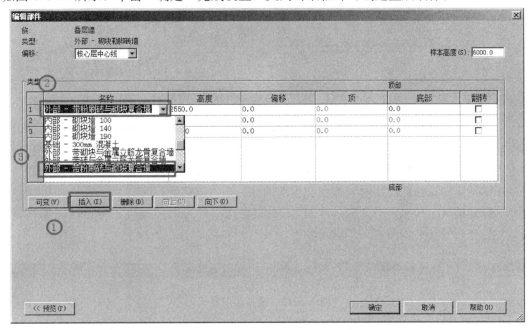

图 4.3-19　编辑叠层墙信息

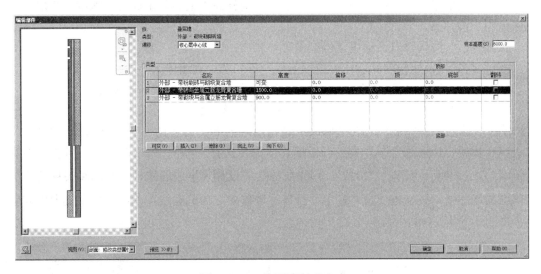

图 4.3-20　叠层墙创建完成

2. 墙体实例属性设置

所有墙的实例属性我们都需要在属性对话框和命令栏进行设置，选择功能区"建筑"→"墙：建筑"，可在属性对话框对墙体实例属性进行设置。

"定位线"可通过对定位线的设置,对绘制的墙体以墙的构造层中的某一层来定位绘制,其设置选项与墙体对应关系如图 4.3-21 所示。

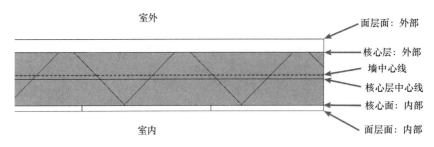

图 4.3-21　定位线与墙体核心层、面层

"高度"分为底部和顶部参数设置,"底部限制条件"和"顶部约束"代表墙底部和顶部对齐到的标高层;"底部偏移"和"顶部偏移"代表墙底部和顶部在对齐的标高层进行的上下偏移量;当"顶部约束"选择未连接时,在"无连接高度"输入墙的总高度即可,当"顶部约束"选择标高层时,可在"顶部偏移"输入偏移量。

选择功能区"建筑"→"墙:建筑",在命令选项栏可对墙高度、定位线、偏移量、链、半径进行设置,如图 4.3-22 所示。

图 4.3-22　墙布置信息

"高度"下拉菜单中分为高度和深度两个选项,高度指墙的底部限制为当前标高,墙体顶部则可选取未连接—所需高度,也可选取当前标高以上的其余标高,深度则指墙的顶部限值为当前标高。

"定位线":同属性对话框里定位线设置。

"链"勾选后,所绘制的墙体可连续生成,不勾选,则墙体为一段一段绘制。

"偏移量"输入相应数值后,绘制墙体以定位线为基准向内或向外偏移。

"半径"勾选后,输入相应数值后,墙体转角会变成相应半径系数弧度。

当上述参数设置完成后,在"修改 | 放置墙"上下文关联选项卡选择墙体绘制方式,有直线、弧线、矩形等绘制方式,可根据具体需要选择,如图 4.3-23 所示,当项目中有链接 CAD 底图时,可通过"拾取"底图的绘制方式 来生成墙体,将光标箭头移动至链接图纸的墙体处,该墙边线高亮显示,且显示墙体中心预览虚线,单击鼠标左键即生成墙体,如图 4.3-24 所示。

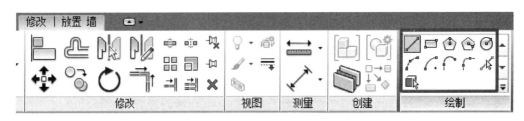

图 4.3-23　选择墙体绘制方式

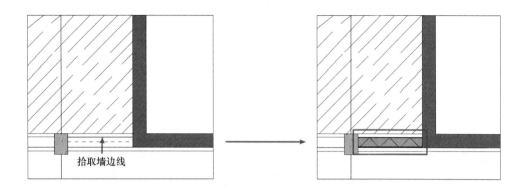

图 4.3-24　"拾取"生成墙体

3. 编辑墙体

修改编辑墙体：在"修改｜墙"选项卡的"修改"面板中，可对墙体进行移动、复制、旋转、阵列、镜像、对齐、拆分、修剪、偏移等所有常规编辑命令，需要注意的是上述的复制命令只能在当前标高（当前工作平面）使用，如果要把当前标高的墙体复制到其他楼层，由于是跨标高（跨工作平面），则需通过"剪贴板"进行跨楼层的复制。可以通过以下方法进行复制：

图 4.3-25　剪贴板的"复制"命令

选择要复制的墙体（可用 Ctrl 键多选），选择功能区"修改｜墙""剪贴板" 🗐 "复制到粘贴板"，如图 4.3-25 所示；选择功能区"修改｜墙""剪贴板"展开 🗐 "粘贴"下的下拉菜单，如图 4.3-26 所示；选择"与选定的标高对齐"，出现"选择标高"窗口，如图 4.3-27 所示；选择"二层（5.700m）"标高，"确定"完成，墙体将复制到标高 2 上。

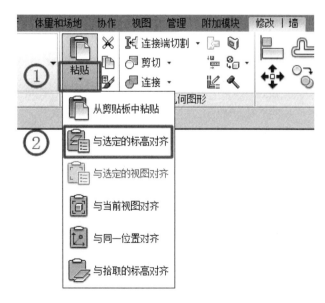

图 4.3-26　剪贴板粘贴下拉菜单

图 4.3-27　选择标高窗口

绘图区调整墙体：选中创建好的墙体，墙体一侧会出现⇆反转符号，该符号所在位置表示墙的"外面"，单击该符号或者按键盘空格键，可以翻转墙外部边的方向。蓝色圆点为墙体拖拽点，可以鼠标左键按住该圆点，进行两边拖拉，控制墙体长度，如图 4.3-28 所示。

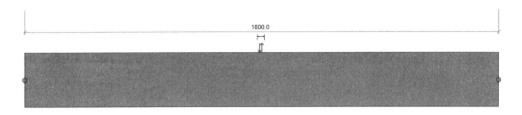

图 4.3-28　编辑墙体

编辑立面轮廓：在平面视图中选择已绘制的墙体，激活"修改｜墙"选项卡，点击"模式"面板的"编辑轮廓"按钮，弹出"转到视图"对话框，任意选择一个立面后，进入相应立面的绘制轮廓草图编辑模式。使用"直线"等绘制工具绘制封闭轮廓，单击"完成绘制"按钮，可生成任意形状的墙体，如图 4.3-29、图 4.3-30 所示。

注：如需一次性还原原始形状，则点击"重设轮廓"即可。

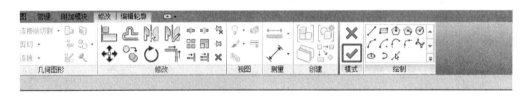

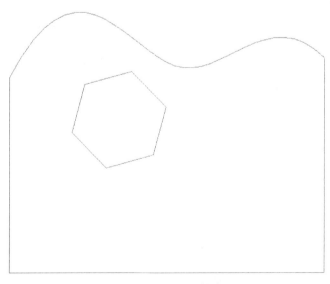

图 4.3-29　绘制轮廓

图 4.3-30　编辑墙体立面轮廓

附着/分离顶底部：选择墙体，激活"修改｜墙"选项卡，点击"修改"面板的"附着顶部/底部"按钮后，再拾取需要附着的屋顶、天花板、楼板或参照平面，此时墙体形状自动发生变化，连接到屋顶、天花板、楼板或参照平面上。单击"分离顶部/底部"可将墙从上述平面上分离，恢复墙体原始形状，如图 4.3-31 所示。

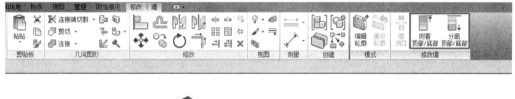

图 4.3-31　墙体附着（斜）楼板

4.3.2　面墙创建

Revit 中提供了三种绘制墙的方式，分别是建筑墙、结构墙和面墙，一般情况下我们只会用到前两种最常用的绘制墙的方式，可能不太会注意第三种"面墙"这种绘制方法，"面墙"用于将概念体量模型或常规模型表面转换为墙图元。在 Revit Architecture 中，使用墙工具创建的墙均垂直于标高，要创建斜墙或异形墙图元，可以使用 Revit Architecture 的体量功能或者常规模型创建曲面或模型，再利用"面墙"功能将表面转换为墙图元。

面墙可以通过使用体量或常规模型来创建墙，有两种创建面墙的方式，一种是先内建体量，然后生成面墙，一种是直接内建模型，将其类别设置为墙。

第一种方法：首先在"体量和场地"→"内建体量"→创建一个需要的形状，如图 4.3-32 所示，此时比如要创建一个斜墙，那么我们可以创建一个倾斜的拉伸体量，如图 4.3-33～图 4.3-39 所示为绘制步骤，然后选择墙→面墙，点选需要生成墙的体量面，如图 4.3-40、图 4.3-41 所示，直接生成需要的墙体如图 4.3-42 所示。

图 4.3-32　内建体量

图 4.3-33　模型线

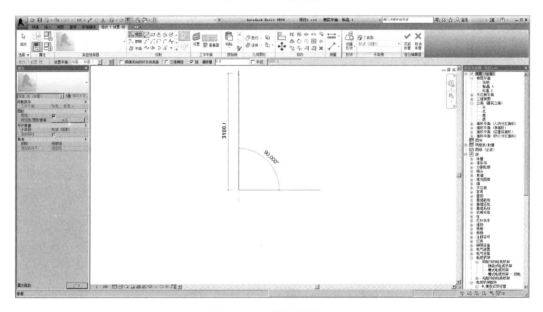

图 4.3-34　模型线绘制

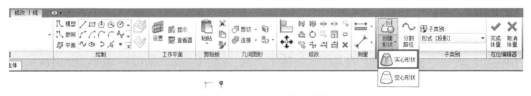

图 4.3-35　生成实心形状

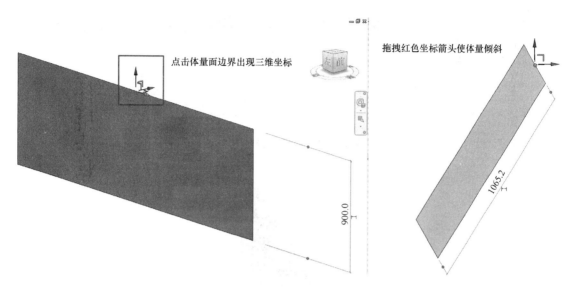

图 4.3-36 三维坐标   图 4.3-37 拖拽三维坐标

图 4.3-38 完成体量

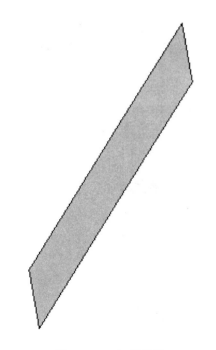   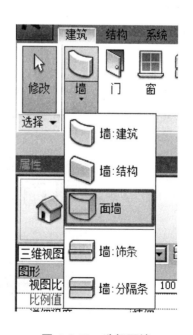

图 4.3-39 倾斜体量   图 4.3-40 选择面墙

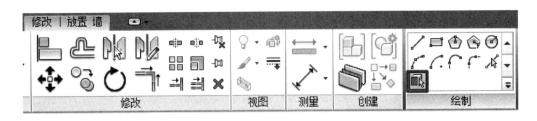

图 4.3-41　拾取面绘制方式

图 4.3-42　倾斜面墙

　　第二种方法：采用内建模型的方式，将族类别设置为墙，和用体量创建墙的方式类似，都是先创建一个形状，而创建形状无非就是拉伸旋转融合等等，形状创建完成然后生成墙。

　　首先在功能栏选择"建筑"→"构件"→"内建模型"，如图 4.3-43 所示，在弹出来的族类别和族参数对话框选择"墙"，如图 4.3-44 所示，然后采用和创建族方式相同的拉伸、旋转命令（具体族创建方式见第 9 章），最后和第一种方法相同，形状创建完成后再采用面墙命令直接生成墙即可。

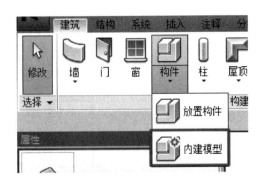

图 4.3-43　内建模型

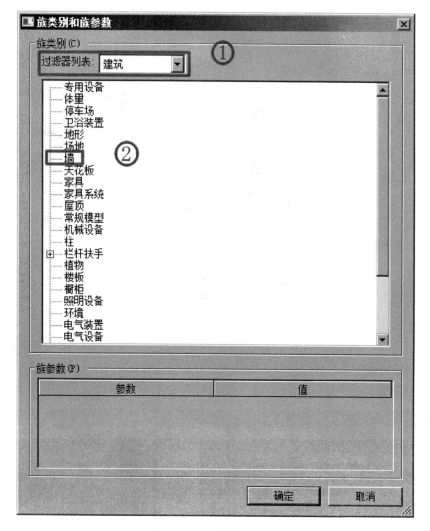

图 4.3-44 选择族类别

4.3.3 墙饰条和墙分割条创建

在绘制完成的墙体上，还可以添加墙饰条和墙分隔条，墙饰条和分隔缝是依附于墙主体的带状模型，使用墙饰条和分隔缝，可以很方便地创建如女儿墙压顶、室外散水、墙装饰线脚等。

在功能栏选择"建筑"→"墙"→"墙：饰条或墙：分隔条"，在"修改 | 放置墙饰条"上下文关联选项卡可选择水平或者垂直放置方式，如图 4.3-45 所示。接着可切换到立面

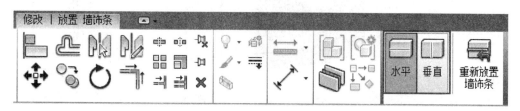

图 4.3-45 选择墙饰条放置方式

视图或者三维视图放置墙饰条，当放置一个墙饰条后，点击"重新放置墙饰条"可继续放置墙饰条，添加墙饰条效果如图 4.3-46 所示。

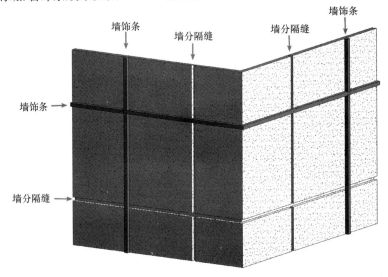

图 4.3-46　墙饰条

单击已创建的墙饰条，在"修改｜墙饰条"上下文关联选项卡，如图 4.3-47 所示，选择"添加/删除墙"，鼠标选中其他墙体可在其他墙上对应位置创建墙饰条，如图 4.3-48 所示。

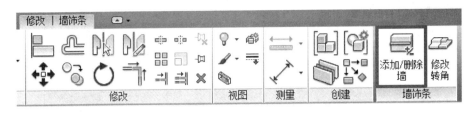

图 4.3-47　"修改｜墙饰条"上下文关联选项卡

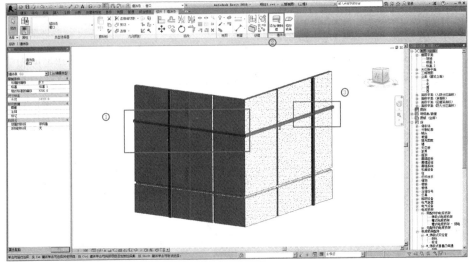

图 4.3-48　添加/删除墙

我们可以对创建的墙饰条继续编辑。轮廓、位置信息编辑：选中要修改的墙饰条，可直接在绘图区修改尺寸标注来调整墙饰条的位置，也可在属性对话框输入墙偏移、标高等参数来调整，在属性对话框墙饰条下拉菜单单击"编辑类型"可对墙饰条轮廓形状进行修改，如图图 4.3-49 所示。

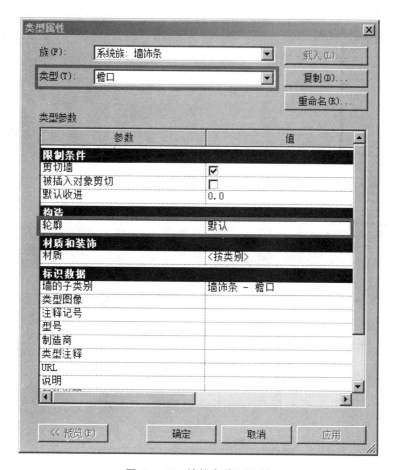

图 4.3-49　墙饰条类型属性

4.4　创建门窗

在 Revit 中，门、窗必须基于墙才能放置，常规的门、窗都很简单，但有些窗的信息很多很复杂，如门连窗、飘窗、转角窗、老虎窗等。

墙体创建完成后，就可以开始放置门窗了。门窗属于可载入族，可以从现有的族库中选择合适的族文件，载入到项目中使用，也可以基于门窗的族样板定制门窗族。本节主要讲解如何在项目中放置门窗。

4.4.1　载入门、窗族

选择功能区"插入"→"载入族"，在弹出的"载入族"对话框中，找到自己创建的

"门窗"族文件位置，或是 Revit 自带的族库"建筑＼门"和"建筑＼窗"目录下选中需要的门窗，单击"打开"即可将门窗族载入到项目中，如图 4.4-1 所示。新载入的门窗类型可选择门窗命令，在属性对话框门窗下拉菜单里找到。

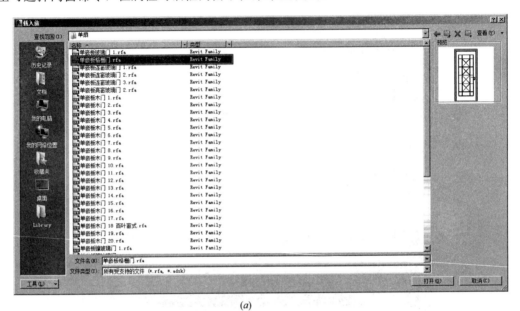

(a)

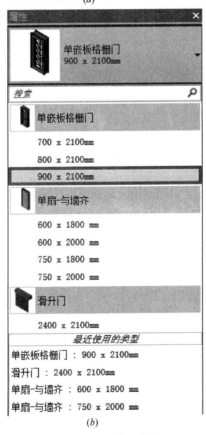

(b)

图 4.4-1 新载入的门

4.4.2　放置门窗

　　选择"建筑"选项卡，单击"构件"面板中的"门"或"窗"按钮，在"类型选择器"中选择所需的门或窗类型，如若没有所需类型，则可选择从"插入"或"载入族"中挑选。

　　在选定好的楼层平面内，点击"修改｜放置　门（窗）"选项卡中"标记"面板上的"在放置时进行标记"按钮，自动标记门窗，在"选项栏"中，勾选"引线"，则可设置引线长度。移动光标至墙主体上，当门处于正确位置时点击确定，如图 4.4-2 所示。

图 4.4-2　门窗参数设置

　　注：门窗插入技巧

　　（1）只需在大致位置插入，单击已插入门窗后，可通过修改临时尺寸标注或尺寸标注来精确定位。

　　（2）插入门窗时输入 SM，可自动捕捉到墙的中点插入。

　　（3）插入门窗时，光标在墙内外移动可改变内外开启方向，按空格键，可改变左右开启方向。

　　（4）单击已插入的"门"，激活"修改｜墙"选项卡，选择"主体"面板的"拾取新主体"命令，可使其更换放置主体墙，即将门移动放置到其他墙上。

　　（5）在平面插入窗，窗台高为"默认底高度"参数值。在立面上，可以在任意位置插入窗，当插入窗族时，立面出现绿色虚线，此时窗台高度是距离底部最近标高加上"默认底高度"参数值，如图 4.4-3 所示。

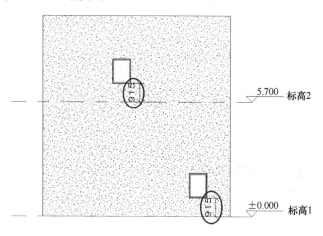

图 4.4-3　立面上修改窗参数

4.4.3　编辑门窗

　　（1）单击已插入的门窗，自动激活"修改｜门/窗"选项卡，在"属性"对话框内，

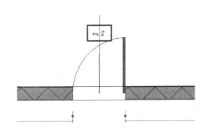

图 4.4-4　拖曳门窗修改布置参数

可对门窗的标高、底高度、顶高度修改实例参数。

（2）单击"编辑类型"，弹出"类型属性"对话框，单击"复制"可创建新的门窗类型，修改门窗的高度、宽度、默认窗台高度以及框架和玻璃嵌板的材质等可见性参数，然后确定。

（3）选择已绘门窗，出现方向控制符号和临时尺寸，单击可改变开启方向和位置尺寸。也可用鼠标拖拽门窗改变门窗位置，墙体洞口自动复原，如图 4.4-4 所示。

4.5　创建建筑柱

Revit 有"建筑柱"和"结构柱"两种构件，建筑柱和结构柱在 Revit 中所起的功能和作用并不相同。建筑柱主要起装饰和围护作用，而结构柱则主要用于支撑和承载重量。在"建筑"功能选项卡下的🛢"柱：建筑"命令，创建的就是建筑柱。从建模角度，建筑柱的建模方法与结构柱相同，只是不具备结构属性。柱属于可载入族，可以从现有的族库中选择合适的族文件，载入到项目中使用。

创建建筑柱：切换到平面视图，选择功能区"结构"→🛢"柱"命令，在属性栏的类型下拉菜单里选择一个建筑柱类型，在其"类型属性"对话框复制一个新的类型，比如"500×500"，并修改其尺寸，对其材质等参数也可进行设置，如图 4.5-1 所示，单击"确定"完成新建柱类型。

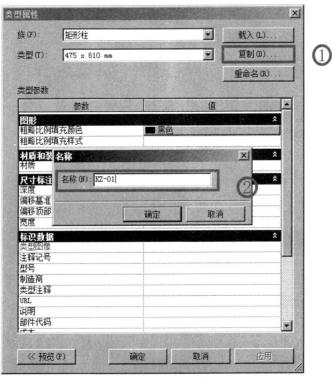

图 4.5-1　新建柱类型

柱在 Revit 中属于可载入族，可以用族样板"公制结构柱 . rft"（图 4.5-2）创建新的结构柱族再载入到项目中，新的结构柱就会出现在类型下拉列表中。要注意的是，另一个族样板"公制柱"，创建的是建筑柱。

图 4.5-2　选择柱族样板

在建筑柱命令选项栏里，如图 4.5-3 所示，勾选"放置后旋转"，可在放置柱子时旋转柱子的角度，"高度"和"深度"同创建墙命令选项栏里定义一样（可参考 4.3.1 节）。

图 4.5-3　建筑柱命令选项栏

勾选"房间边界"时，柱子的边界算作房间边界，不勾选间边界的话，柱子的边界不是房间边界，房间边界按照墙体边界计算。如图 4.5-4 所示，画的两个柱子，一个是勾选，一个是非勾选，我们现在进行房间边界的放置，如图 4.5-5 所示，这就是勾选和非勾选房间边界的区别。

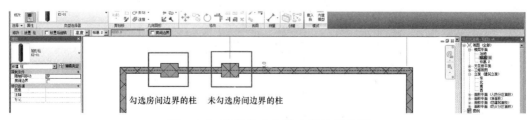

图 4.5-4　勾选和非勾选房间边界柱子

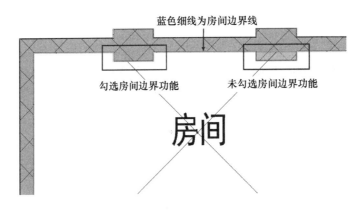

图 4.5-5　放置房间边界的区别

　　我们可以在命令选项栏修改设置这些参数，也可以等柱子放置完成后，再来进行相应参数的设置。参数设置完成后，在绘图区轴网处放置柱子即可，对于建成的建筑柱，也可对其进行"附着/分离顶底部"（与墙体附着/分离顶底部作用相同，可参见 4.3.1 节）。

4.6　创建屋顶和老虎窗

　　在 Revit 中提供多种创建屋顶的工具，如迹线屋顶、拉伸屋顶、面屋顶等常规工具，对于一些造型特殊的屋顶，还可以通过内建模型来创建。运用屋顶下拉菜单工具还能在创建的屋顶上添加屋檐底板、封檐板、檐沟，如图 4.6-1 所示。此外，在屋顶上也常需要开老虎窗。本节主要讲解如何在项目中绘制屋顶，在屋顶上添加屋檐底板、封檐板、檐槽以及老虎窗的创建。

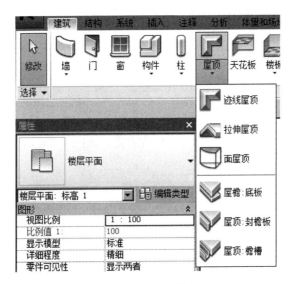

图 4.6-1　屋顶下拉菜单工具

4.6.1 迹线屋顶

单击"建筑"选项卡中"构件"面板上的"屋顶"下拉菜单,选择"迹线屋顶"命令,进入绘制屋顶轮廓草图模式。在属性栏,选择任一屋顶类型,复制命名新的类型,并设置屋顶的构造(结构、材质、厚度)、粗略比例填充样式,如图 4.6-2 所示,同时在属性栏,设置所选屋顶的标高、偏移、截断层、橡截面、坡度等,如图4.6-3所示。

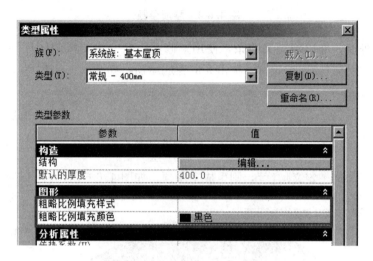

图 4.6-2 屋顶类型属性设置

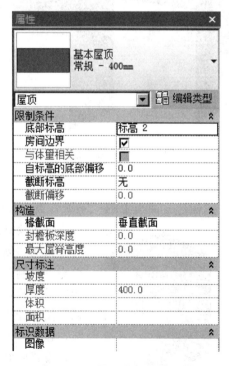

图 4.6-3 屋顶实例属性设置

（1）坡屋顶、平屋顶

激活"创建屋顶迹线"选项卡后，单击"绘制"面板下的"拾取墙"按钮，在选项栏中勾选"定义坡度"复选框，设定悬挑参数值，同时勾选"延伸到墙中（至核心层）"复选框，拾取墙是将拾取到有涂层和构造层的复合墙体的核心边界位置，如图4.6-4所示。

图 4.6-4　屋顶参数

选择所有外墙，如出现交叉线条，使用"修剪"命令编辑成封闭屋顶轮廓，或选择"线"等命令，绘制封闭屋顶轮廓。单击完成生成屋顶，如图4.6-5所示。

图 4.6-5　完成创建

注意：若不勾选"定义坡度"，则生成平屋顶，如图4.6-6所示。

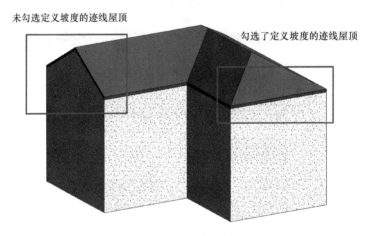

图 4.6-6　屋顶三维图

（2）圆锥屋顶

单击"建筑"选项卡中"构建"面板上的"屋顶"下拉菜单，选择"迹线屋顶"命令，进入绘制屋顶轮廓草图模式。

激活"创建屋顶迹线"选项卡后，单击"绘制"面板下的"拾取墙""圆形"或"起点—终点—半径弧"等绘制弧线按钮绘制有圆弧线条的封闭轮廓线，在选项栏勾选"定义坡度"复选框，设置屋面坡度。单击完成绘制，如图4.6-7所示。

图 4.6-7　圆锥屋顶的建立

（3）双坡屋顶

单击"建筑"选项卡中"构建"面板上的"屋顶"下拉菜单，选择"迹线屋顶"命令，进入绘制屋顶轮廓草图模式。

在选项栏取消勾选"定义坡度"复选框，使用"拾取墙"或"线"命令绘制矩形轮廓。

点击"工作平面"面板上的"参照平面"，根据屋脊线尺寸绘制相应参照平面，调整临时尺寸，如图 4.6-8 所示。

单击"绘制"面板上的"坡度箭头"命令，如图 4.6-9 所示，根据参照平面绘制坡度线终点处为箭头，单击绘制好的坡度箭头，如图 4.6-10 所示，在"属性"对话框里选择"坡度"或"尾高"属性设置坡度，如图 4.6-11 所示，单击完成屋顶，如图 4.6-12 所示。

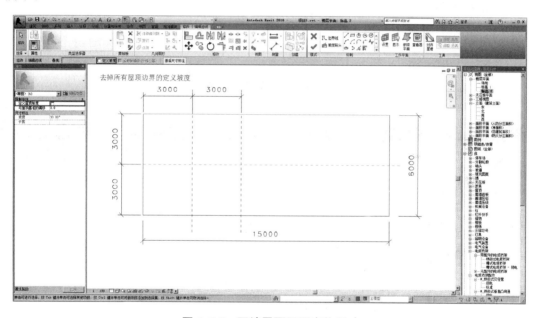

图 4.6-8　双坡屋面平面定位尺寸

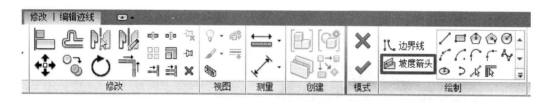

图 4.6-9　坡度箭头命令

选择创建好的迹线屋顶，双击屋顶或者单击"编辑迹线"命令，可以修改屋顶轮廓草图，完成屋顶设置。

如需将两个屋顶相连接，单击"修改"选项卡上"几何图形"面板的"连接/取消连接屋顶"命令，如图 4.6-13 所示，然后点击需要连接的屋顶边缘及要被连接的屋顶，完成连接屋顶。

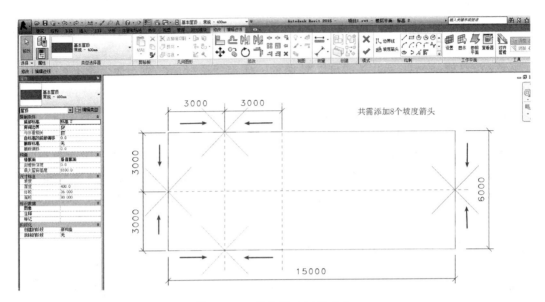

图 4.6-10 输入坡度以及方向

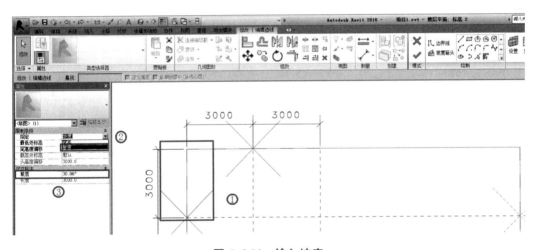

图 4.6-11 输入坡度

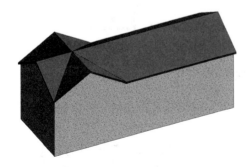

图 4.6-12 坡屋面效果图

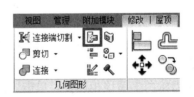

图 4.6-13 连接/取消连接屋顶命令

4.6.2　拉伸屋顶

对于从平面上不能创建的屋顶或是异形屋顶，可以从立面上使用拉伸屋顶创建模型。具体操作步骤如下：

单击"建筑"选项卡中"构建"面板上的"屋顶"下拉菜单，选择"拉伸屋顶"命令，进入绘制屋顶轮廓草图模式。

在随后弹出"工作平面"对话框中设置工作平面（选择参照平面或轴网绘制屋顶的截面线），选择工作视图（立面、框架立面、剖面或三维视图作为操作视图），如图4.6-14～图4.6-17所示。

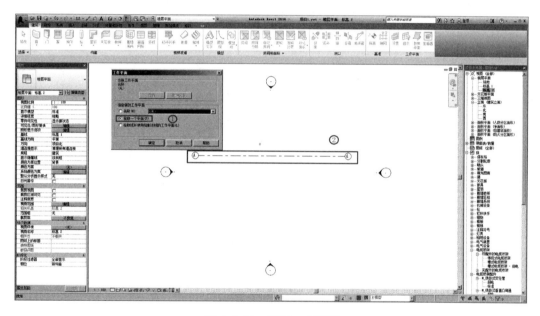

图4.6-14　拾取一个平面

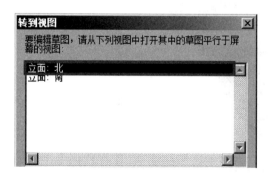

图4.6-15　切换立面视图

图4.6-16　设置标高及偏移

绘制屋顶的截面线，无须闭合，单线绘制即可，如图4.6-18、图4.6-19所示，完成绘制。

编辑拉伸屋顶方法与编辑迹线屋顶类似，具体内容请参照编辑迹线屋顶。

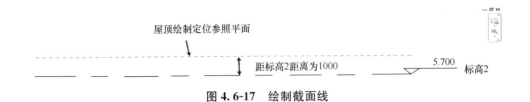

图 4.6-17 绘制截面线

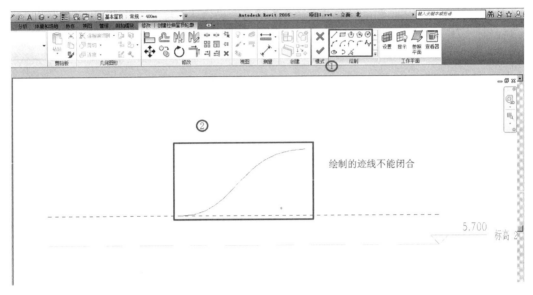

图 4.6-18 输入屋顶的截面线

图 4.6-19 完成绘制

4.6.3 面屋顶与玻璃屋顶

面屋顶与面墙创建方式类似，使用 Revit Architecture 的体量功能或者场规模性创建曲面或模型，再利用"面屋顶"功能将表面转换为屋顶图元（可参见 4.3.2 节）。

对于玻璃屋顶的创建，点击已绘制好的屋顶，点击"类型选择器"中的"玻璃斜窗"选项，完成绘制。单击"建筑"选项卡中"构建"面板下的"幕墙网格"命令来分隔玻璃，用"竖梃"命令来添加竖梃，如图 4.6-20～图 4.6-22 所示。

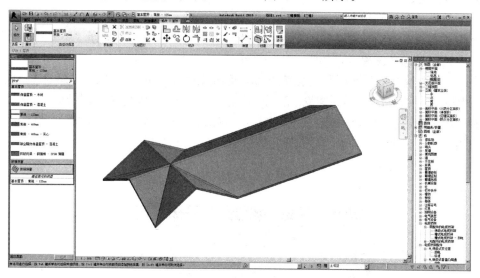

图 4.6-20　选择玻璃屋面

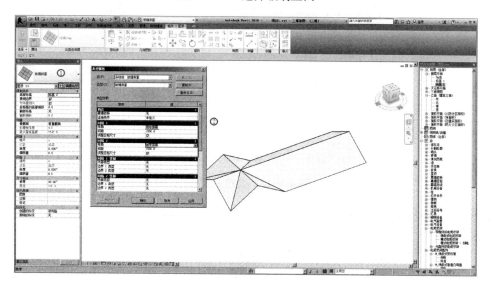

图 4.6-21　玻璃上的竖梃

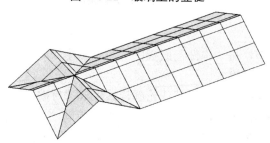

图 4.6-22　完成设置

4.6.4 屋檐底板、封檐板、檐沟

1. 屋檐底板

以下操作是利用屋顶和墙信息生成二者之间的屋檐底板。

单击"建筑"选项卡中"构件"面板上的"屋顶"下拉菜单，选择"屋檐：底板"命令，进入绘制轮廓草图模式，如图 4.6-23 所示。

单击"拾取屋顶"命令选择屋顶，确定屋檐底板外轮廓，单击"拾取墙"命令选择墙体确定底板内轮廓屋檐，自动生成轮廓线，使用"修剪"命令修剪轮廓线成封闭轮廓，完成绘制。

在三维视图或立面视图中选择屋檐底板，可修改属性参数标高及偏移值，设置屋檐底板与屋顶的相对位置。

单击"修改"选项卡下"几何图形"面板上"连接几何图形"命令，连接屋檐底板和屋顶，如图 4.6-23～图 4.6-26 所示。

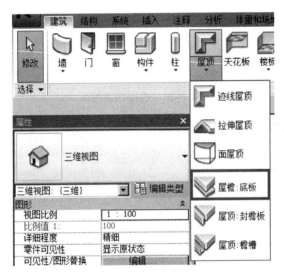

图 4.6-23　屋檐：底板

图 4.6-24　拾取屋顶边

2. 封檐板

选择"建筑"选项卡，在"构件"面板中"屋顶"下拉列表中选择"屋顶：封檐带"选项。进入拾取轮廓线草图模式。

单击拾取屋顶的边缘线，自动以默认轮廓样式生成"封檐板"，完成绘制。

在三维视图中选中封檐带，修改"属性"中封檐板的"垂直/水平轮廓偏移"值及角度值，可调整封檐板与屋顶的相对位置，单击"编辑类型"弹出"类型属性"对话框，可对封檐板的轮廓样式及材质进行设置，如图 4.6-27 所示。

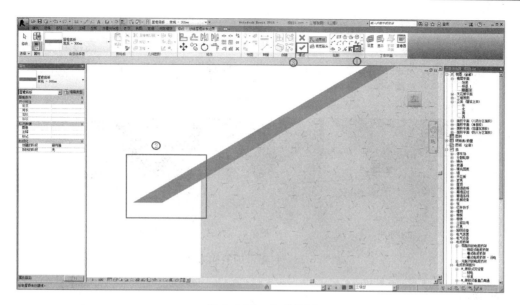

图 4.6-25 完成绘制

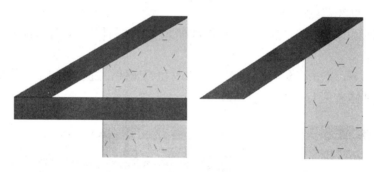

图 4.6-26 连接屋檐底板和屋顶

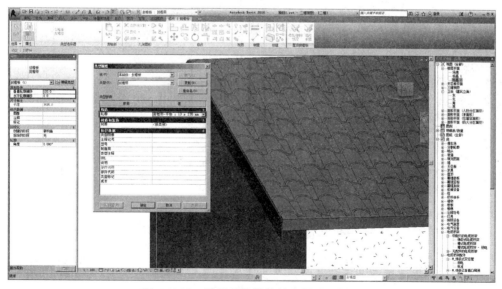

图 4.6-27 设置封檐带的轮廓样式和材质

点击已创建的封檐板，激活"修改｜封檐板"选项卡，在"屋顶封檐板"面板上可使用"添加/删除线段"增减封檐板数量，修改"属性"中的"轮廓"高度可改变封檐板与屋顶的夹角。常见的布置方式有"水平""垂直""垂足"3种方式，如图 4.6-28所示。

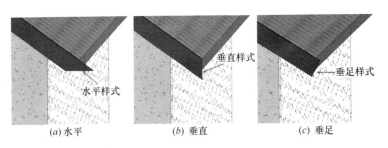

(a) 水平   (b) 垂直   (c) 垂足

图 4.6-28　封檐带的斜接方式

3. 檐沟

选择"建筑"选项卡，在"构建"面板中"屋顶"下拉列表中选择"屋顶：檐沟"选项。进入拾取轮廓线草图模式。

单击拾取屋顶的边缘线，自动以默认轮廓样式生成"封檐带"，完成绘制，如图 4.6-29所示。

在三维视图下，点击已绘制的檐沟，可修改相应属性，过程类似于封檐带，这里不再做具体描述，具体参见上一小节封檐带内容。

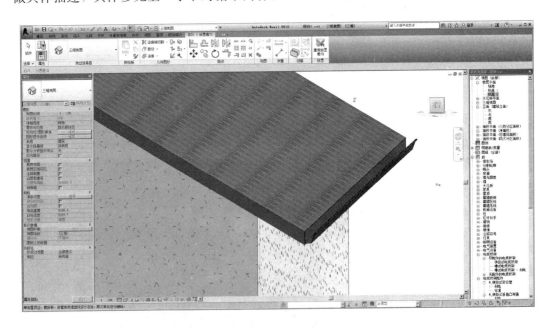

图 4.6-29　檐沟的输入

注意：封檐带与檐沟的轮廓可根据项目需求用"公制轮廓—主体"族样板来创建新的轮廓族。

4.6.5　老虎窗

在绘制屋顶时，有时需要进行老虎窗绘制，下面讲解老虎窗的绘制。

（1）首先在建筑选项卡中选择"屋顶—迹线屋顶"，在 Revit 里绘制一个双坡迹线屋顶，如图 4.6-30 所示。

（2）再在该迹线屋顶上绘制一个小的迹线屋顶，作为老虎窗的屋顶，在属性对话框里设置合适的偏移量，如图 4.6-31 所示。

图 4.6-30　迹线屋顶绘制

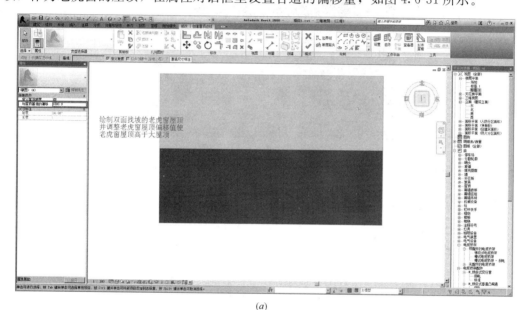

(a)

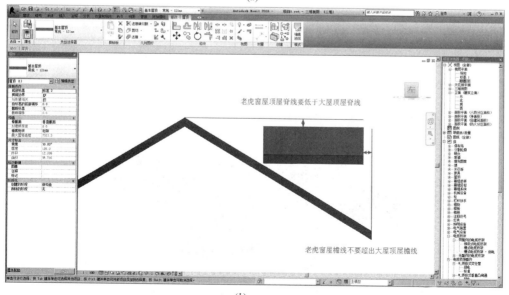

(b)

图 4.6-31　绘制第二个迹线屋顶

（3）在老虎窗屋顶下绘制墙体，如图 4.6-32 所示，选择绘制好的墙体，使用"修改｜墙"上下文关联选项卡，在修改墙面板里选择"附着顶部/底部"工具，如图 4.6-33 所示，并在命令栏选择顶部附着，如图 4.6-34 所示，为所选墙选择要附着的屋顶即可完成附着，如图 4.6-35 所示。

图 4.6-32　绘制墙体

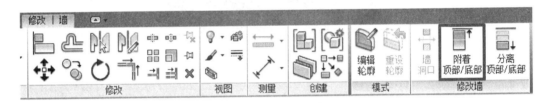

图 4.6-33　墙顶部附着

图 4.6-34　顶部附着

图 4.6-35　完成墙顶部附着

（4）将老虎窗屋顶与主屋顶连接，选择修改选项卡，在几何图形面板里找到"连接/取消连接屋顶"工具，注意非常规的"连接"工具，如图 4.6-36 所示，先选择"屋顶端点处要连接的一条边"（也就是老虎窗伸入到主屋顶的一条边），再选择"在另一个屋顶或墙上为第一个要连接的屋顶选择面"（也就是老虎窗一侧的主屋顶表面）。老虎窗即可与主屋顶连接上。

图 4.6-36 "连接/取消连接屋顶"工具

（5）接下来就是要在主屋顶位于老虎窗位置处开洞。在建筑选项卡洞口面板中选择"老虎窗"工具，如图 4.6-37。选择要被老虎窗洞口剪切的屋顶（也就是面向老虎窗的主屋顶面），接着依次选择连接屋顶、墙的侧面、主屋顶连接面——定义老虎窗的边界，如图 4.6-38～图 4.6-41，完成后老虎窗洞口绘制成功。

图 4.6-37 老虎窗工具

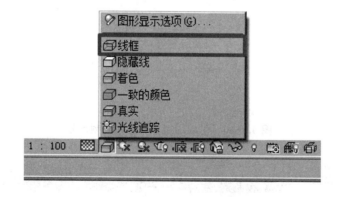

图 4.6-38 "线框"显示模式

（6）选择老虎窗墙体，分别编辑三面墙体轮廓，使其底部与主屋面平齐，以侧墙为例，在与老虎窗侧墙体平行的立面视图里，选中要修改轮廓的墙体，双击此墙体或者单击此墙体并选择"修改｜墙"选项卡下模式面板里的"编辑轮廓"，进入编辑轮廓状态，修改墙体底部与主屋顶平齐即可，如图 4.6-42 所示。所有墙体完成后如图 4.6-43所示。

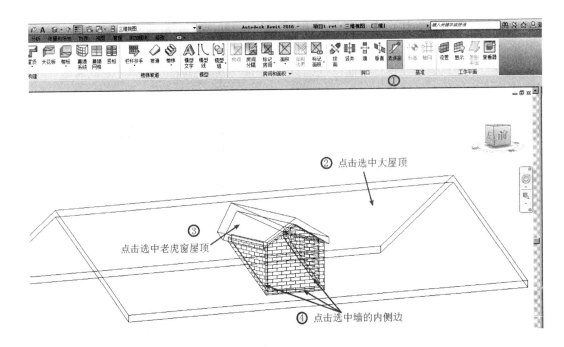

图 4.6-39　依次选择边界线

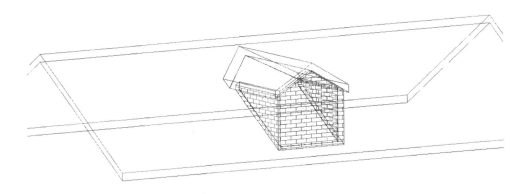

图 4.6-40　生成的边界（迹线要封闭）

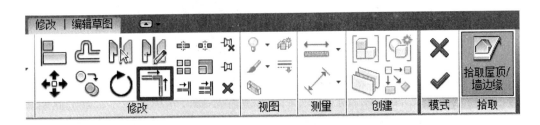

图 4.6-41　修剪边界

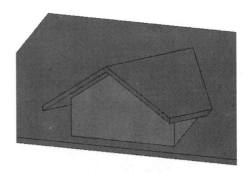

图 4.6-42　编辑墙体轮廓　　　　　图 4.6-43　完成编辑墙体轮廓

4.7　创建楼板和天花板

4.7.1　创建楼板

在实际的工程项目中，并不存在"建筑楼板"，实际上是在结构楼板上覆盖装饰面层。但在按"建筑"和"结构"专业分别建立 BIM 模型时，就会产生"楼板"是归属到"建筑"还是"结构"模型的问题。通常情况下，为了单专业模型的完整性，将楼板分为建筑楼板和结构楼板两部分来创建，建筑楼板仅创建楼板装饰面层部分，放在建筑专业模型中。结构楼板作为受力构件，放在结构专业模型中。

选择功能区"建筑"→"楼板"→"楼板：建筑"命令，弹出"楼板属性"面板以及"修改创建楼板边界"面板，如图 4.7-1 所示。可在属性对话框和类型属性对话框设置楼板参数，设置方法与其他构件参数设置相同，不再赘述。

图 4.7-1　楼板边界绘制

在创建楼板时要注意，不同标高位置的楼板要分开绘制。绘制楼板的方式有多种，可以按照直线、矩形方式绘制，也可以选择"拾取线"绘制，注意楼板边界轮廓必须是闭合的图形，楼板轮廓可以有一个或多个，但不得出现开放、交叉或重叠的情况。楼板区域绘制完成之后，点击面板上"√"命令完成楼板的绘制。

对于斜板或者汽车库坡道处的楼板或者有地漏的楼板，可以通过"修改子图元"的命令来实现具体操作。

选中需要修改的楼板，这时软件最上端的上下文关联选项卡"修改楼板"命令被激活，有修改子图元的功能，如图 4.7-2 所示。

点击"修改子图元"命令，绘图区域中的楼板变为可以修改的状态，如图 4.7-3 所示。

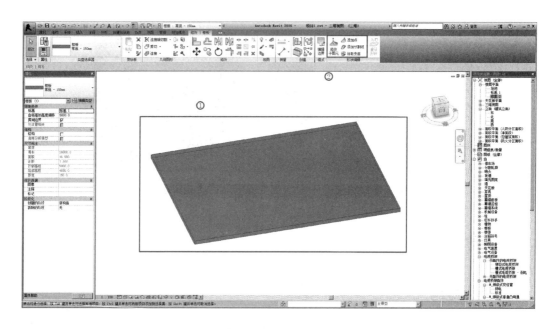

图 4.7-2　楼板修改子图元

图中椭圆形位置处数据标高可以修改，我们把最右侧的 2 处数据都改为－1000mm，查看南立面模型，如图 4.7-4 所示。

图 4.7-3　楼板修改标高

图 4.7-4　南立面

从上图可以看出右侧的板面标高相对于层高往下降了 1000mm。

对于有地漏的楼板，我们可以通过添加点的命令进行创建，首先选中要修改的楼板，点击"添加点"命令，并单击新添加点修改其高程，数据改为－200mm，绘制完成后如图 4.7-5 所示。

图 4.7-5　绘制有地漏的楼板

楼板绘制完成后，我们还能添加楼板边缘，选择功能区"建筑"→"楼板"→"楼板：楼板边"命令，在属性对话框里可以选择楼板边缘的形状轮廓，楼板边缘轮廓可通过轮廓族载入，如图 4.7-6 所示，然后单击楼层边、楼板边缘或模型线进行添加，完成绘制，如图 4.7-7 所示。

图 4.7-6　选择楼板边缘形状轮廓

图 4.7-7　楼板边缘

4.7.2　创建天花板

1. 天花板的绘制

单击"建筑"选项卡下"构件"面板中的"天花板"命令，激活"修改｜放置　天花板"选项卡，如图 4.7-8 所示。

图 4.7-8　放置天花板

单击"类型选择器"选择天花板的类型。选定天花板类型后，单击"自动创建天花板"命令，可以在以墙为界限的面积内创建天花板，如图 4.7-9 所示。

点击"绘制天花板"按钮，可自行创建天花板，单击"绘制"面板中的"边界线"绘制工具，在绘图区域绘制轮廓即可。

2. 编辑天花板

在"属性"列表里可调整"自标高的高度偏移值"达到所需的天花板安装位置。

点击"编辑类型",弹出"类型属性"对话框,可对天花板的结构、厚度、粗略比例填充样式、颜色等进行编辑,如图 4.7-10 所示。

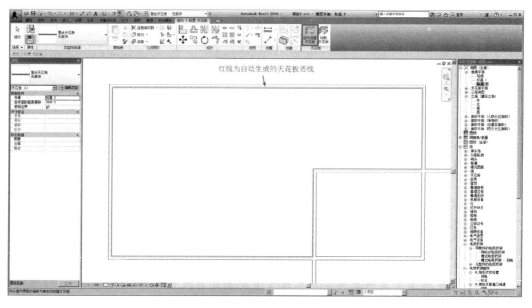

图 4.7-9 自动创建天花板

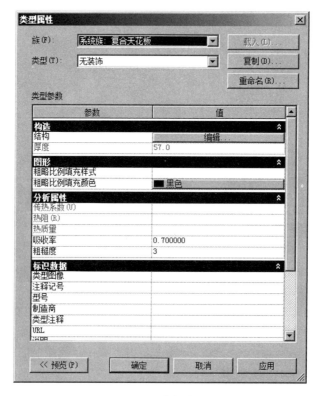

图 4.7-10 天花板类型属性

4.8 创建幕墙系统

在 Revit 中，幕墙属于墙体的一种类型，幕墙由幕墙嵌板、幕墙网格、幕墙竖梃三个部分组成，如图 4.8-1 所示，在 Revit Architecture 中，可以手动或通过参数指定幕墙网格的划分方式和数量。幕墙嵌板可以替换为任意形式的基本墙或叠层墙类型，也可以替换为自定义的幕墙嵌板族。

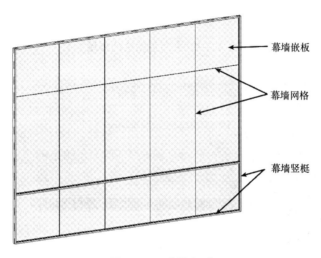

图 4.8-1 幕墙组成

（1）幕墙嵌板：是构成幕墙的基本单元，幕墙由一块或多块幕墙嵌板组成，可以自行创建三维嵌板族。

（2）幕墙网格：决定幕墙嵌板的大小，数量。

（3）幕墙竖梃：为幕墙龙骨，是沿幕墙网格生成的线性构件，外形由二维竖梃轮廓族所控制。

4.8.1 创建幕墙

选择功能区"建筑"→"墙"→"墙：建筑"命令，在属性栏下拉栏中，选择"幕墙"。

与绘制墙体一样，设置好高度，即可根据轴网或者链接的底图绘制幕墙，如图 4.8-2 所示。

由于默认的幕墙还未划分网格，所以目前创建的幕墙是一整片玻璃的样式如图 4.8-3 所示。

此处幕墙网格为规则分布，我们可以直接在其类型属性里设置，如图 4.8-4、图 4.8-5 设置垂直网格和水平网格的布局、间距，还可以设置垂直竖梃和水平竖梃的类型。

图 4.8-2 绘制幕墙

103

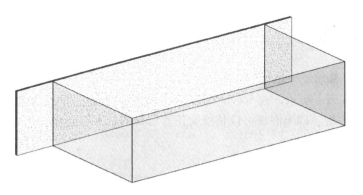

图 4.8-3 未添加网格的幕墙

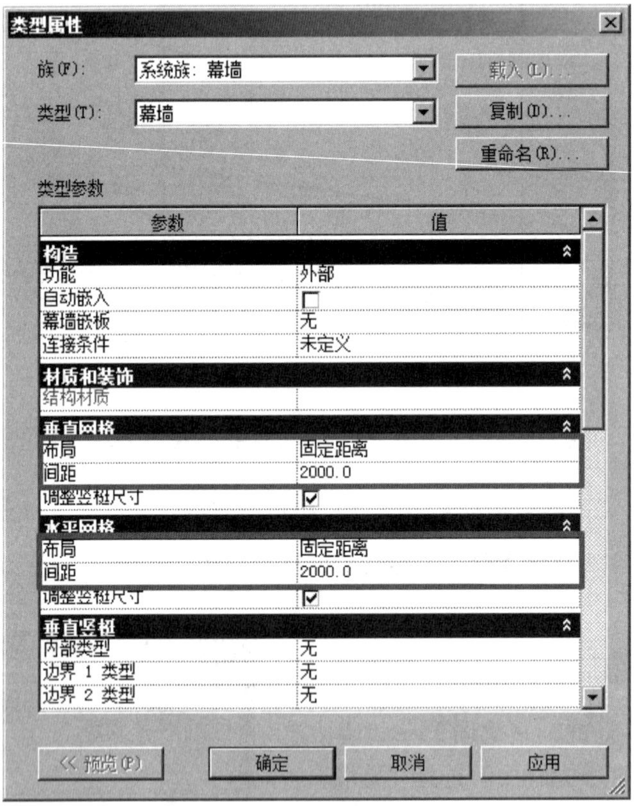

图 4.8-4 规则幕墙设置一

设置完成后，幕墙则自动添加了规则的网格和竖梃，如图 4.8-6 所示。

幕墙命令还可以绘制嵌入在墙内的幕墙样式，比如此处有绘制好的墙体，如图 4.8-7 所示。

选择"幕墙"命令，在其类型属性栏中将"自动嵌入"选项勾选上，如图 4.8-8 所示。

设置好幕墙高度和网格后，在墙体同样的位置上绘制幕墙，墙体会自动开洞插入幕墙，完成后幕墙如图 4.8-9 所示。

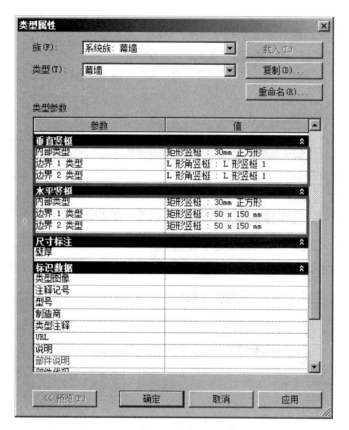

图 4.8-5 规则幕墙设置二

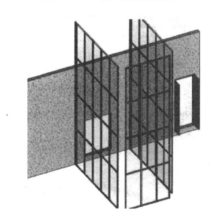

图 4.8-6 生成的规则幕墙

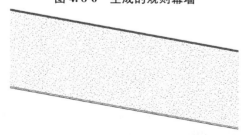

图 4.8-7 要嵌入幕墙的墙体

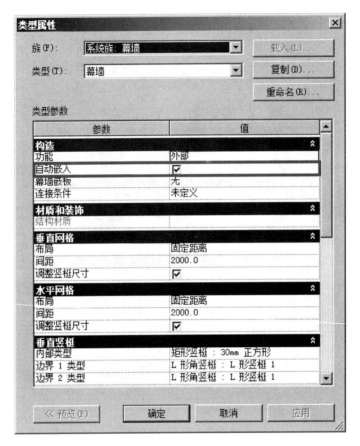

图 4.8-8　嵌入幕墙设置

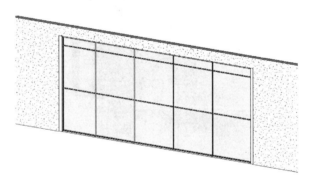

图 4.8-9　生成的嵌入幕墙

4.8.2　幕墙网格

　　Revit 提供了专门的"幕墙网格"功能，用于创建不规则的幕墙网格。比如图 4.8-10 中的幕墙，就可以通过"幕墙网格"命令来得到。

　　首先用幕墙命令创建一面没有幕墙网格的幕墙，可以和编辑墙体类似，用功能区"编辑轮廓"命令修改幕墙轮廓，如图 4.8-11 所示，单击完成幕墙轮廓编辑。

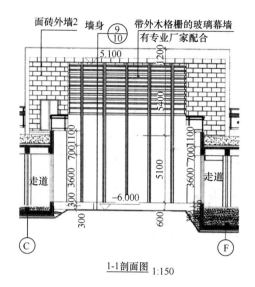

图 4.8-10　幕墙 CAD 图

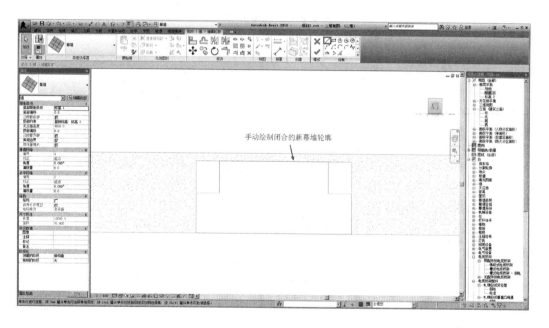

图 4.8-11　幕墙轮廓编辑

　　选择功能区"建筑"→　"幕墙网格"命令，自动跳转到"修改｜放置幕墙网格"，且默认"全部分段"，将光标移动至幕墙上，出现垂直或水平虚线，如图 4.8-12 所示，点击鼠标左键即可放置幕墙网格。与虚线同时出现的还有临时尺寸，可以帮助确认网格的位置。放置好后，也可以通过临时尺寸调整网格。

　　"全部分段"是在一面幕墙上放置整段的网格线段。而"一段"是在一个嵌板上放置一段网格线段。

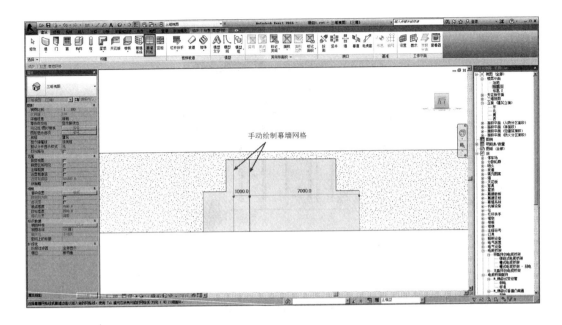

图 4.8-12　放置网格

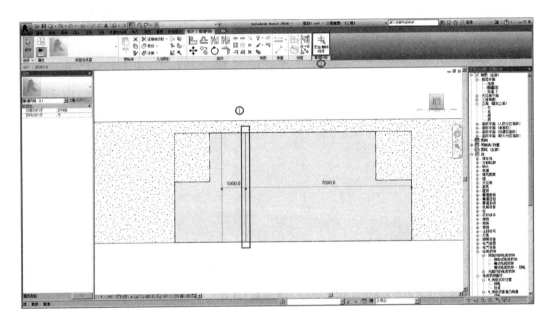

图 4.8-13　"添加/删除线段"命令

　　选中放置好的网格,在"修改|放置幕墙网格"下会出现"添加/删除线段"命令,如图 4.8-13 所示,在需要删除的位置单击网格,即可删除某段网格。反之,在某段缺少网格的位置单击,可以添加网格。

　　整个幕墙网格添加完成后如图 4.8-14 所示。

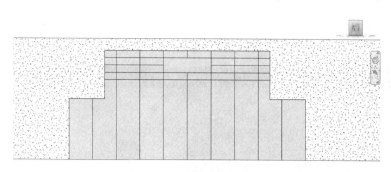

图 4.8-14　幕墙网格添加完成

4.8.3　幕墙竖梃

Revit 提供了专门的"竖梃"命令，可用于为幕墙网格创建个性化的幕墙竖梃。竖梃必须依附于网格线才可以放置，其外形由二维竖梃轮廓族所控制。

选择功能区"建筑"→![图标]"竖梃"命令，自动跳转到"修改｜放置　竖梃"，且默认选择"网格线"，单击选中"全部网格线"按钮，如图 4.8-15 所示。

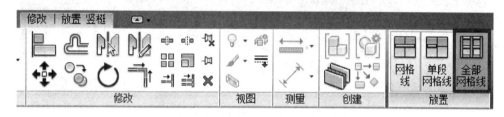

图 4.8-15　选择"全部网格线"

在属性栏的类型选择下拉列表中选择"矩形竖梃－50mm 正方形"，点击前一节添加了幕墙网格的幕墙，则可一次性为全部网格线都添加竖梃。幕墙的边界线也属于幕墙网格线，所以可以观察到幕墙的外边缘线也添加了竖梃，完成后如图 4.8-16 所示。

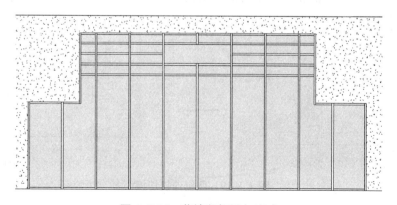

图 4.8-16　幕墙竖梃添加完成

单击选择任一竖梃，两端出现"切换竖梃连接"符号，如图 4.8-17 所示，且功能选

项卡"修改 | 幕墙竖梃"处出现两个功能按钮"结合"和"打断",如图 4.8-18 所示。

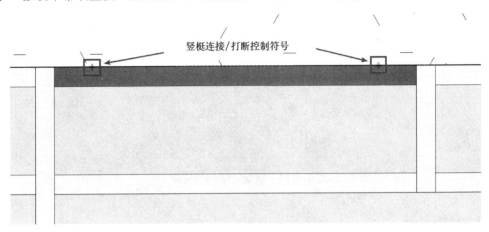

图 4.8-17　"切换竖梃连接"符号

点击视图里的符号或单击"结合"或"打断"按钮,均可以切换水平竖梃与垂直竖梃的连接方式,如图 4.8-19 所示。

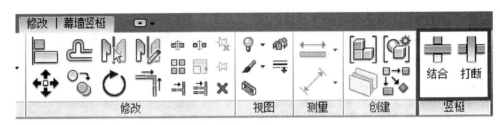

图 4.8-18　"结合"和"打断"命令

在属性栏的类型选择下拉列表中有多种预设的竖梃类型可以选择,如果没有需要的类型,则可以复制新建。注意在 Revit 中角竖梃不能定制轮廓,而"矩形竖梃"或"圆形竖梃"就可以选择其他轮廓,比如新建一个"槽钢"的矩形竖梃,如图 4.8-20 所示,在其"类型属性"中,点击"轮廓"一项的下拉按钮,选择"槽钢",则可将竖梃设成槽钢样式,如图 4.8-21 所示。

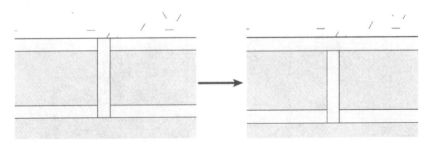

图 4.8-19　竖梃连接切换

若需要定制竖梃的轮廓,则需要用族样板文件"公制轮廓—竖梃 . rft"创建一个竖梃轮廓族,载入到项目。所有载入的竖梃轮廓族都会自动出现在"轮廓"的下拉列表中以供选择。

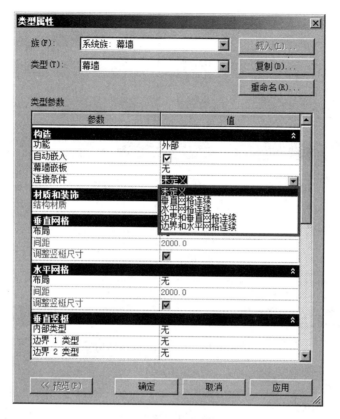

图 4.8-20　选择竖梃轮

图 4.8-21　替换后的竖梃

4.8.4　幕墙嵌板

当添加幕墙网格后，幕墙自动就划分成多块嵌板。要编辑某块嵌板，可以选中后进行修改。

在进行幕墙相关构件的选择时，可以用 Tab 键帮助选择。当鼠标移到幕墙旁，会高亮预显要选择的部分，此时不断点击 Tab 键，预显会在竖梃、幕墙、网格、嵌板之间切换，屏幕提示栏也会出现当前预显部分的名称，如图 4.8-22 所示。当预显到要选择的部分时，点击鼠标左键即可选中。

选中某块幕墙嵌板，在其类型属性栏，如图 4.8-23 所示，可以修改其偏移量，以及嵌板的厚度和材质。

幕墙嵌板默认都是玻璃样式的，可以选中某块嵌板后，可替换成点爪式幕墙嵌板，如图 4.8-24 所示。在其属性类型下拉栏中挑选任一种类型的墙体替换成新的嵌板，如图 4.8-25 所示，用这种方法我们可以在幕墙上开门或开窗。

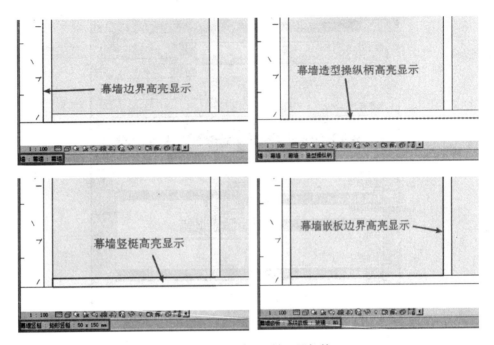

图 4.8-22 幕墙 tab 键预显切换

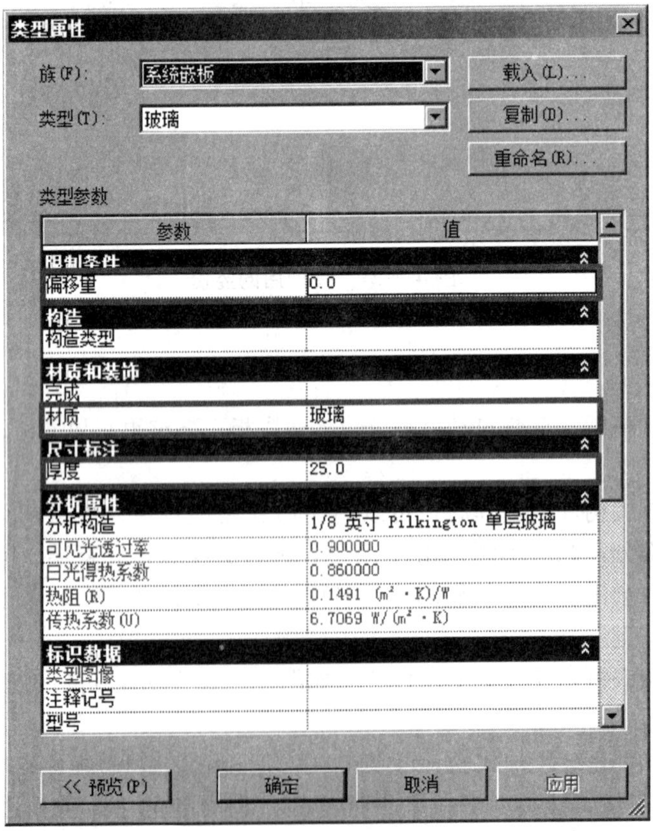

图 4.8-23 嵌板类型属性

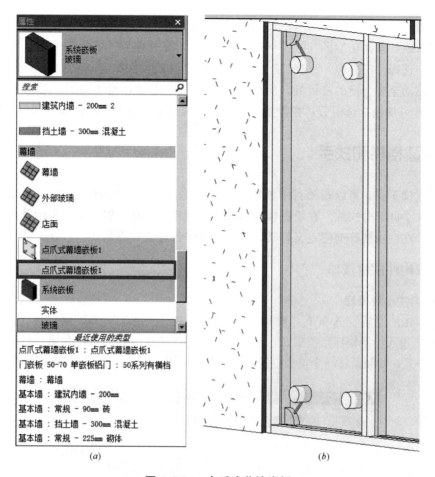

(a)　　　　　　　　　　　　　　(b)

图 4.8-24　点爪式幕墙嵌板

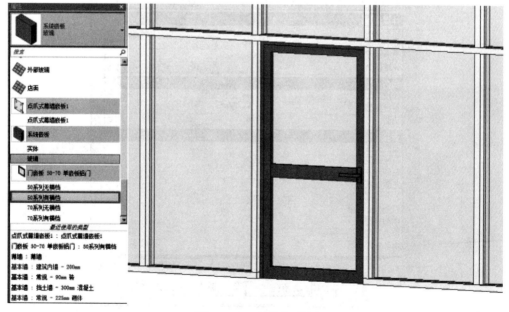

图 4.8-25　替换门嵌板

比如之前绘制的一层平面入口处的幕墙，我们在其上开两扇双开玻璃门。首先载入需要的门嵌板族，选择功能区"插入"→🗔"载入族"，在软件自带的族库"建筑＼幕墙＼门窗嵌板"下选择"门嵌板—双开门"族文件，载入到项目中来。

光标移动至要替换的嵌板处，应用 Tab 健，选中需要替换为门的玻璃嵌板，在键盘上按住 Ctrl 可加选，选中后，在类型下拉菜单中选择刚刚载入的门嵌板，即可替换完成。

4.9 创建楼梯和扶手

使用楼梯工具，可以在项目中添加各种样式的楼梯。在 Revit Architecture 中，楼梯由楼梯和扶手两部分构成。在绘制楼梯时，可以沿楼梯自动放置指定类型的扶手。与其他构件类似，在使用楼梯前应定义好楼梯类型属性中各种楼梯参数。

4.9.1 按构件创建楼梯

1. 按构件绘制楼梯

（1）单击"建筑"选项下"楼梯坡道"面板中的"楼梯"下拉菜单的"楼梯（按构件）"命令，进入绘制楼梯草图模式，自动激活"创建楼梯"选项卡，在属性栏选择自己所需的楼体样式，复制新建一个类型，进行重命名，如图 4.9-1 所示设置好相应的类型属性。

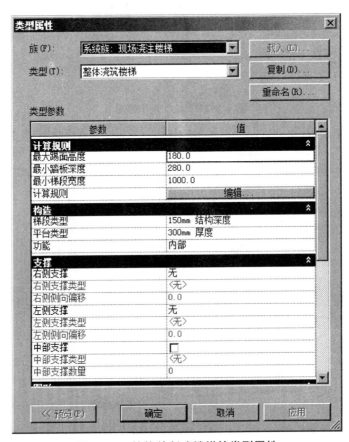

图 4.9-1 按构件创建楼梯的类型属性

Revit 中的楼梯构件有两个类型属性"最大踢面高度"和"最小踏板深度"，这两个参数值用于自动计算楼梯的踢面数。

当我们在项目中创建楼梯实例时，会发现在楼梯的实例属性中"所需踢面数"会自动计算得到，如图 4.9-2 所示，当我们修改楼梯的整体高度时（修改顶部或底部标高值），该数量会随着更新。

但如果我们不改楼梯的高度，而直接修改该值，当踢面数过少，导致踢面高度大于楼梯的类型参数"最大踢面高度"时，系统会出现如图 4.9-3 所示的提示框。同样，如果我们直接修改实例参数中的"实际踏步深度"，当其值小于其类型参数"最小踏板深度"时，系统也会报错。

（2）在"属性"面板中设置楼梯宽度、顶底部标高和偏移值，如需要楼梯跨越多个标高相同的连续层，可通过"多层顶部标高"指定需达到的顶层标高，自动创建多层相同楼梯。

（3）单击"绘制"面板下的"梯段"内的构件绘制工具，如直梯、全踏步螺旋、L 型转角等，可直接绘制楼梯。

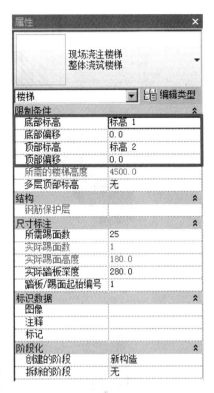

图 4.9-2　自动计算的所需踢面数

（4）在绘图区域捕捉每跑的起点、终点位置绘制梯段，注意梯段草图下方的提示：创建了 20 个踢面，剩余 0 个。完成绘制后，楼梯扶手自动生成，如图 4.9-4 所示。

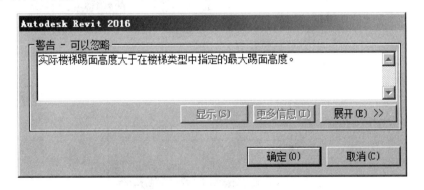

图 4.9-3　楼梯警告提示框

注意：绘制梯段时通常以梯段中心为定位线开始绘制的。

根据不同的楼梯形式，可以选择不同构件绘制楼梯，例如全踏步螺旋、L 型转角、U 型转角等，如图 4.9-5 所示。

在创建楼梯时，系统会默认同时创建栏杆扶手，其样式可以选择功能选项卡"修改/创建楼梯"的"栏杆扶手"命令，在弹出的"栏杆扶手"对话框中设置，如图 4.9-6 所示，此处先使用默认的类型，在 4.9.3 节会详细讲解栏杆扶手的定制方法。

图 4.9-4　楼梯模型

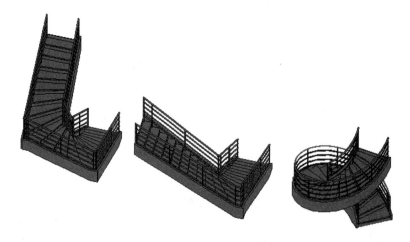

图 4.9-5　异型楼梯

图 4.9-6　楼梯"栏杆扶手"对话框

4.9.2　按草图创建楼梯

在用按草图创建楼梯时，我们能对楼梯的梯面和边界进行修改，方便绘制异形楼梯。

（1）用梯段命令创建楼梯

　　① 单击"建筑"选项下"楼梯坡道"面板中的"楼梯"下拉菜单的"楼梯（按草图）"命令，进入绘制楼梯草图模式，自动激活"创建楼梯"选项卡，单击"绘制"面板下的"梯段"内的绘制工具，"直线"和"圆心—端点弧"来绘制楼梯。

　　② 在"属性"面板中单击编辑类型，弹出"类型属性"对话框，选择自己所需的楼梯样式，设置类型属性参数：踏板、踢面、踢边梁等的位置、高度、厚度尺寸、材质、文字等，单击"确定"完成。

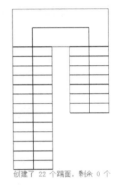

创建了 22 个踢面，剩余 0 个

图 4.9-7　按梯段生成楼梯

　　③ 在"属性"面板中设置楼梯宽度、顶底部标高和偏移值，如需要楼梯跨越多个标高相同的连续层，可通过"多层顶部标高"指定需达到的顶层标高，自动创建多层相同楼梯。

　　④ 在绘图区域捕捉每跑的起点、终点位置绘制梯段，注意梯段草图下方的提示：创建了 20 个踢面，剩余 0 个。调整休息平台边界位置，完成绘制后，楼梯扶手自动生成，如图4.9-7 所示。

　　（2）用边界和踢面命令创建楼梯

　　① 单击"边界"内的绘制工具按钮，分别绘制楼梯踏步和休息平台边界。

　　注意：踏步和平台处的边界线需要分段绘制，否则软件将把平台也当成长踏步来处理。

　　② 单击"踢面"按钮，绘制楼梯踏步线。注意梯段草图下方的提示，"剩余 0 个"时即表示楼梯跑到了预定层高位置，如图 4.9-8 所示。

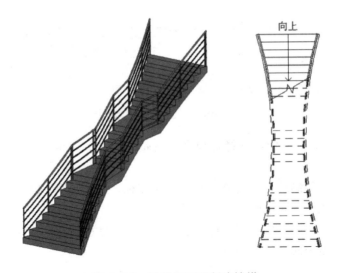

向上

图 4.9-8　边界和踢面创建楼梯

绘制技巧：

若绘制相对比较规则的异型楼梯，可先用"梯段"命令绘制常规梯段，然后删除原来的直线边界或踢面线，再用"边界"和"踢面"命令绘制即可。

4.9.3 创建栏杆扶手

Revit 提供了专门的"栏杆扶手"命令用于绘制栏杆扶手。栏杆扶手由"扶手"和"栏杆"两大部分构成，可以分别指定各部分的族类型，从而组合出不同造型的栏杆扶手，如图 4.9-9 所示是 Revit 对栏杆扶手各组成部分的定义。

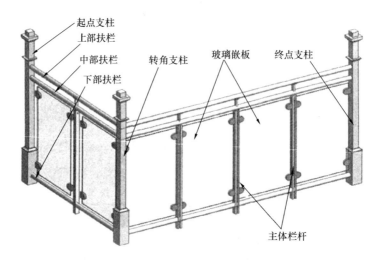

图 4.9-9　栏杆扶手的定义

1. 楼梯平台的栏杆扶手

选择功能区"建筑"→ "栏杆扶手"→ "绘制路径"命令，自动跳转到路径绘制模式，出现功能选项卡"修改 | 创建栏杆扶手路径"，默认选择"绘制"面板的"直线"命令，如图 4.9-10 所示。

图 4.9-10　"绘制路径"命令

在属性栏类型下拉栏中，选择样板文件自带类型"1100mm"，并设置属性栏如图 4.9-11 所示。

根据链接的底图绘制楼梯平台处的栏杆扶手路径，如图 4.9-12 所示，绘制完成后单击 ✔ ，转到三维视图，模型如图 4.9-13 所示。

注意，运用"绘制路径"创建栏杆扶手时，路径只能为一条连续的线段。如果是不连续的栏杆扶手，就要分成两段来绘制。

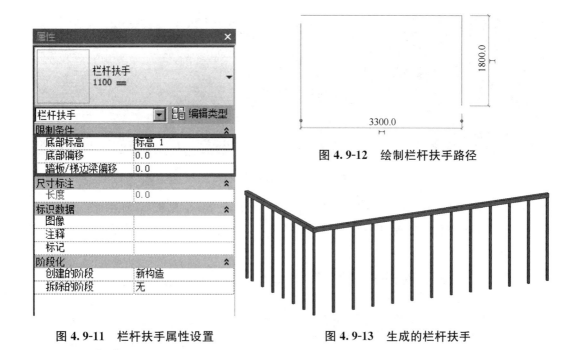

图 4.9-11　栏杆扶手属性设置

图 4.9-12　绘制栏杆扶手路径

图 4.9-13　生成的栏杆扶手

2. 楼梯的栏杆扶手

楼梯的栏杆扶手如果未在创建楼梯时自动添加，可直接创建楼梯上的栏杆扶手。同样用"绘制路径"命令，绘制如图 4.9-14 所示路径。

图 4.9-14　绘制楼梯的栏杆扶手路径

单击 ✔ 完成后，转到三维视图，会发现栏杆扶手并没有落到楼梯上。这时，可以选中该栏杆扶手，选择功能区"修改|栏杆扶手"→ ▥"拾取新主体"命令，将光标箭头移至楼梯上，楼梯高亮显示时，单击楼梯，栏杆扶手就落到楼梯上了，如图 4.9-15 所示。栏杆扶手拾取的主体可以是楼梯、楼板和坡道。

对于楼梯或坡道，可以通过"放置在主体上"命令直接放置栏杆扶手。比如对于之前的楼梯，选择功能区"建筑"→ ▤"栏杆扶手"→ ▨"放置在主体上"命令，跳转到"修

图 4.9-15　拾取新主体

改｜创建主体上的栏杆扶手位置"，并在"位置"面板，选择"踏板"，如图 4.9-16 所示，将鼠标移动至楼梯处，楼梯高亮显示，单击楼梯，则楼梯两边的栏杆扶手创建完成，如图 4.9-17 所示。

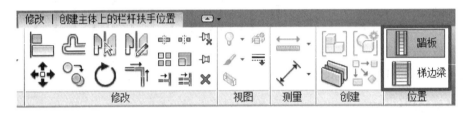

图 4.9-16　"放置在主体上"命令

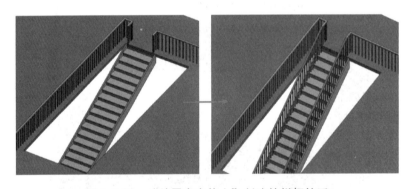

图 4.9-17　"放置在主体上"创建的栏杆扶手

4.9.4　设置栏杆扶手

当项目中没有我们需要的栏杆扶手样式时，就需要定制一个新的栏杆扶手类型。我们以创建玻璃栏杆为例。

1. 编辑扶手

在属性框选择"1100mm"类型的栏杆扶手，复制新建一个"玻璃扶栏"类型。在其"类型属性"对话框，单击"扶栏结构（非连续）"后面的"编辑"按钮（图 4.9-18）。

打开"编辑扶手"对话框，单击"插入"按钮，添加一个新的扶手，Revit 中的扶手是通过扶手轮廓族来定义外形，沿绘制的栏杆扶手路径放样生成的。

编辑这个栏杆扶手，将名称修改为"扶栏 1"，"高度"输入为"1200"，"材质"设置

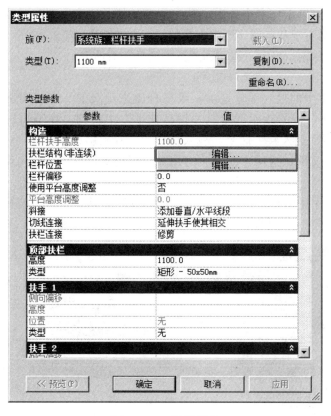

图 4.9-18 扶栏结构

为"不锈钢",单击"轮廓"单元格,在下拉列表,选择"矩形 50mm×50mm",如图 4.9-19 所示。

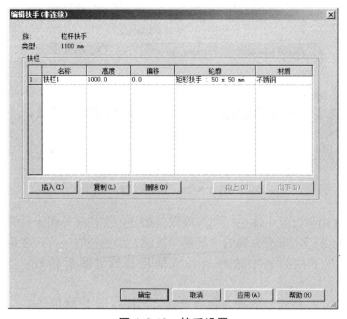

图 4.9-19 扶手设置

在该对话框中可以添加多个扶手，其中最高的扶手决定了栏杆扶手的高度。扶手的"偏移"是扶手轮廓对于基点偏移该中心线的左、右的距离。

设置完成后，单击"确定"返回到"类型属性"对话框。

2. 编辑栏杆

Revit栏杆扶手中的栏杆部分是由三维栏杆族来定义的。本书案例项目中要用到的栏杆族可以到软件自带的族库"建筑\栏杆扶手"中找到。在编辑栏杆前，先选择功能区"插入"→"载入族"命令，载入栏杆族"双根扁钢栏杆2.rfa""栏杆嵌板—玻璃带托架.rfa"族文件，这样，在对应的编辑栏杆的下拉框中就会出现这两个载入的栏杆族。

要编辑栏杆扶手中的栏杆部分，在"类型属性"对话框，单击"栏杆位置"后面的"编辑"按钮，如图4.9-20所示，打开"编辑栏杆位置"对话框，对栏杆位置进行设置。

图 4.9-20　栏杆位置

其中，主样式用于设置主体栏杆和玻璃嵌板部分，支柱部分用于设置起点支柱样式。

选中主样式第2行，单击右侧的"复制"按钮，添加新的一行，在第2行，单击"栏杆族"单元格，在下拉列表中选择新载入的栏杆族"圆形栏杆：直径20mm"，如图4.9-21所示。

在第3行，在"栏杆族"下拉列表中选择"栏杆嵌板-玻璃带托架：600"，其他项按图4.9-22所示设置好。

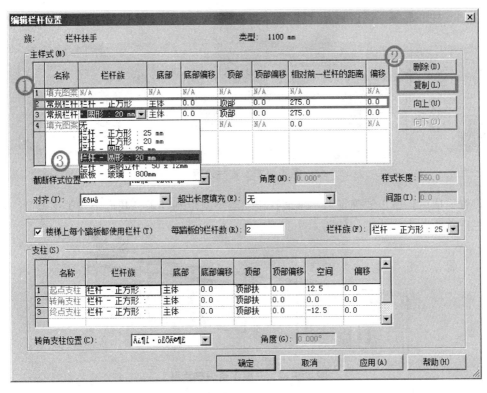

图 4.9-21　选择栏杆族

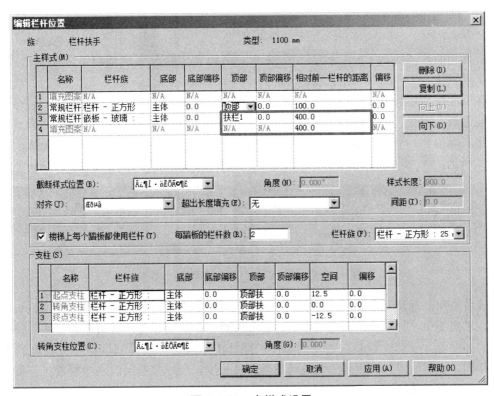

图 4.9-22　主样式设置

在"支柱"部分，设置栏杆样式与主样式的栏杆相同，如图 4.9-23 所示。

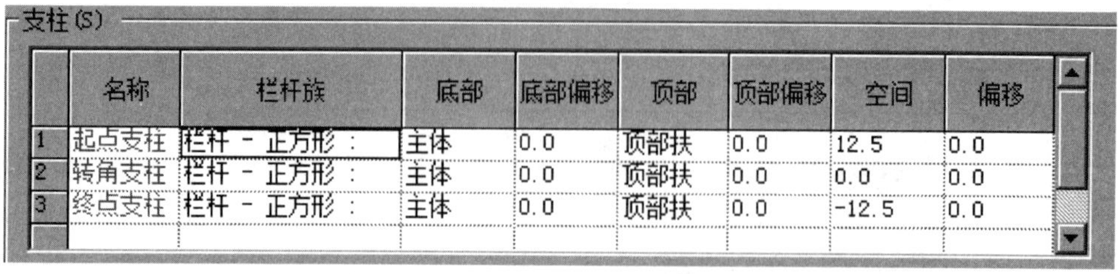

	名称	栏杆族	底部	底部偏移	顶部	顶部偏移	空间	偏移
1	起点支柱	栏杆 - 正方形 :	主体	0.0	顶部扶	0.0	12.5	0.0
2	转角支柱	栏杆 - 正方形 :	主体	0.0	顶部扶	0.0	0.0	0.0
3	终点支柱	栏杆 - 正方形 :	主体	0.0	顶部扶	0.0	-12.5	0.0

图 4.9-23　支柱设置

设置完成后，单击"确定"，"玻璃扶栏"类型就定制好了。我们用该类型绘制一层平台的栏杆扶手，完成的模型如图 4.9-24 所示。

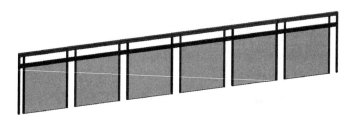

图 4.9-24　一层平台玻璃栏杆

4.10　创建坡道

选择功能区"建筑"→ ⬭ "坡道"命令，跳转到"修改｜创建坡道草图"选项卡，绘制工具默认为"梯段"和"直线"，如图 4.10-1 所示。

在属性栏，复制新建"建筑坡道-PD01"类型，并设置类型属性如图 4.10-2 所示，其中"坡道最大坡度（$1/x$）"为"12"指坡道的最大坡度为 1：12，要注意该坡度值不要设置得比实际值小，否则绘制坡道时按此坡度值达不到所需的高度，系统会报错，如图 4.10-3 所示。

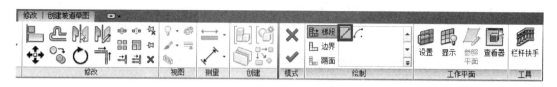

图 4.10-1　"修改｜创建坡道草图"选项

该坡道顶部标高为 0.000，底部标高为 -0.300。设置其属性栏如图 4.10-4 所示。

在平面图中，分别单击放置坡道的起点和终点。系统会根据"坡道最大坡度"和坡道设置的高度差，自动计算斜坡需要的长度。此处由于坡道的实际坡度值与"坡道最大坡度"相同，坡道的实际长度等于系统计算的斜坡长度，所以按链接的底图放置，与系统提示的长度吻合，如图 4.10-5 所示。

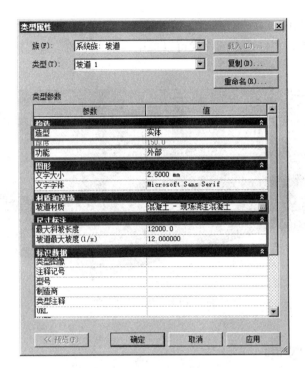

图 4.10-2　坡道的类型属性

图 4.10-3　坡道警告提示框

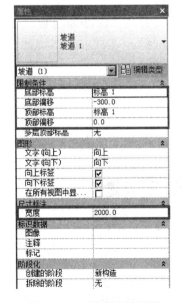

图 4.10-4　坡道属性设置

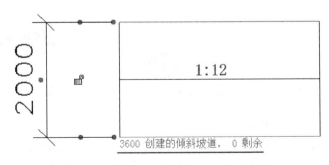

图 4.10-5　绘制坡道草图

绘制完成后，单击 ✔，转到三维视图查看，如图 4.10-6 所示，坡道与楼梯一样，默认同时放置栏杆扶手，栏杆扶手的样式可以选用系统自带的，也可以自定义，自定义方法详见 4.9.4 节。

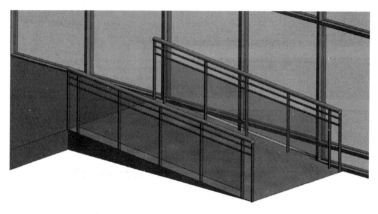

图 4.10-6　生成的坡道

4.11　创建模型文字

模型文字是基于工作平面的三维图元，可用于建筑或墙上的标志或字母。对于能以三维方式显示的族（如墙、门、窗和家具族），您可以在项目视图和族编辑器中添加模型文字。模型文字不可用于只能以二维方式表示的族，如注释、详图构件和轮廓族。

选择功能区"建筑"→"模型"→"模型文字"命令，在"编辑文字"对话框中输入文字，如图 4.11-1 所示，并单击"确定"。将光标放置到绘图区域中，移动光标时，会显示模型文字的预览图像，将光标移到所需的位置，并单击鼠标以放置模型文字，如图 4.11-2 所示。选中模型文字，我们可以在属性对话框里设置材质、深度等参数，如图 4.11-3 所示。

图 4.11-1　输入文字内容　　　　图 4.11-2　创建模型文字

注：创建竖向模型文字

Revit 中模型文字默认方向为横向，我们如果想将模型文字改为竖向，选中模型文字，点击"编辑类型"，调整文字字体，比如我们最初选用的模型字体是"方正综艺简体"，如图 4.11-4 所示。

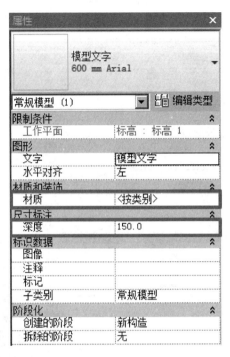

图 4.11-3 修改模型文字参数

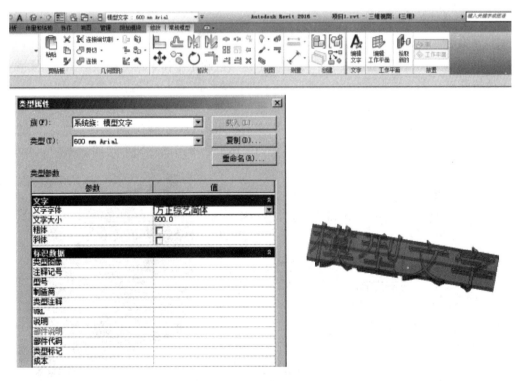

图 4.11-4 模型字体

在字体中找到"@黑体",或者直接在原字体前输入@,点击确定后,模型文字即调整为竖向,如图 4.11-5 所示。

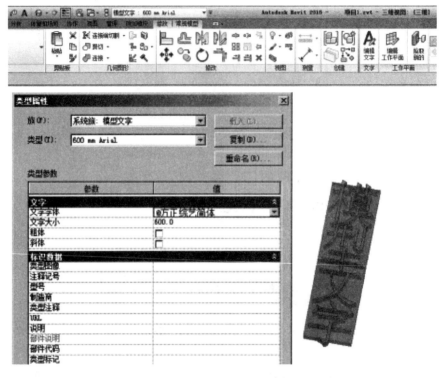

图 4.11-5 竖向模型字体

选择模型文字放置的工作平面:模型文字是通过确定工作平面进行放置的,比如要在墙上放置模型文字,选择功能区"建筑"→"工作平面"→"设置"命令,如图 4.11-6 所示,通过"拾取一个平面"指定新的工作平面,在三维视图里选中要放置文字的墙面,当墙面边界高亮显示时单击即可选好工作平面,如图 4.11-7 所示,再选择功能区"建筑"→"模型"→"模型文字"命令,光标移动到墙体上,单击放置即可,如图 4.11-8 所示。

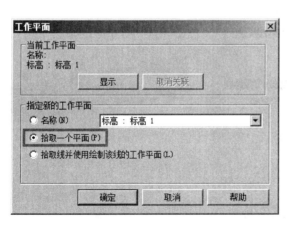

图 4.11-6 设置工作平面

图 4.11-7 设置工作平面

图 4.11-8　放置模型文字

4.12　创建房间和面积标记

Revit 提供的"房间"功能，可以用于定义和表达建筑空间，不仅可以统计各个功能区域的面积，也可以通过颜色标示直观地展示不同的功能区域。"房间"并不是一个实际的模型构件，而是基于具有封闭边界的区域生成的空间。我们以案例项目中的一层为例，讲解如何放置房间及生成房间的颜色填充。

4.12.1　房间标注

选择功能区"建筑"→"房间和面积"→"房间"命令，即可进行平面图房间标注，确定"房间"命令后，将鼠标移动至平面图中，即可出现系统的线条提示，两条交叉的直线来确定房间的位置，确定房间位置后，单击鼠标进行标注确定，系统默认的标注名称为"房间"，我们可以标注完成后双击名称进行修改，如图 4.12-1 所示。

选中添加的房间标记的名称，在属性对话框下拉菜单可以选择标记名称的类型，如图 4.12-2 所示，选择有面积的房间标记类型，可将房间面积显示出来，如图 4.12-3 所示。

进行房间标记时，对于不存在墙或其他房间边界图元的房间进行分界时，可以使用房间分隔命令，对房间进行分界，例如将图 4.12-3 中客厅分成两个房间，选择功能区"建筑"→"房间和面积"→"房间分隔"命令，在绘图区绘制房间分割线，如图 4.12-4 所示，绘制完成后客厅分成了两个房间，对另外一个小房间进行房间标记即可。

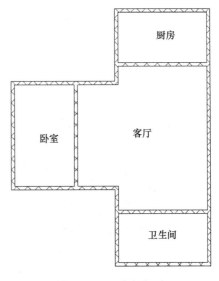

图 4.12-1　房间标注

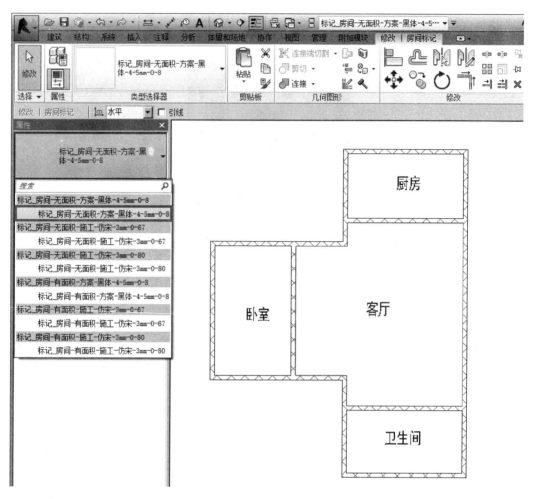

图 4.12-2　修改标记类型

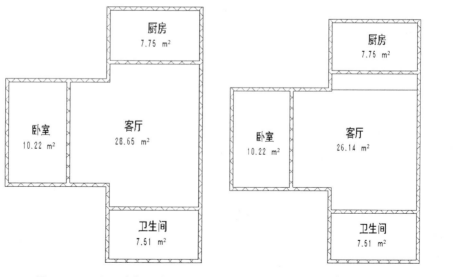

图 4.12-3　显示房间面积　　　　图 4.12-4　房间分隔

4.12.2 房间填充颜色

对房间标注完成后，还可对房间进行颜色填充，在"房间"选项下方点击"房间和面积"的小箭头，系统会弹出操作选项，选择"颜色方案"，如图4.12-5所示。确定"颜色方案"命令后，系统会自动弹出设置窗口，我们需要进行颜色填充的方案设置：在"类别"选项中，选择"房间"；在"颜色"选项中，选择"名称"，如图4.12-6所示．。

图 4.12-5 颜色方案

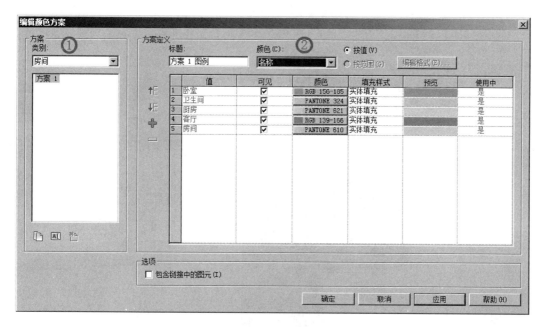

图 4.12-6 分配房间颜色

点击"确定"完成设置后，我们会回到平面图页面，但是我们可以看到，平面图的房间并没有变为设置好的颜色，因此接下来我们需要设置应用我们的颜色方案。选择功能区"注释"→"颜色填充"→"颜色填充 图例"命令，进入颜色填充方案的选择，在空白位置点击，即可进入设置页面。"空间类型"选择"房间"，"颜色方案"选择"方案一"，点击确定，如图4.12-7所示，回到平面图即可看到平面图已经完成了上色方案，如图4.12-8所示。

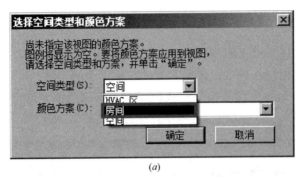

(a)

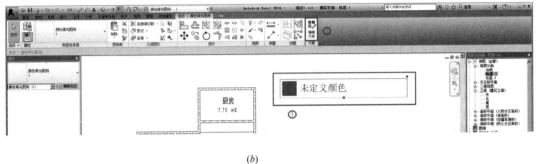

(b)

图 4.12-7 选择空间类型和颜色方案

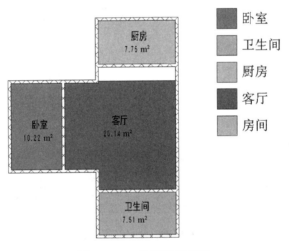

图 4.12-8 分配房间颜色

4.13 创建洞口

Revit Architecture 还提供了洞口工具，有按面、竖井、墙、垂直、老虎窗五种开洞口工具，如图 4.13-1 所示，不仅可以在楼板、顶棚、墙等图元构件上创建洞口，还能在一定高度范围内创建竖井，用于创建如电梯井、管道井等垂直洞口。

图 4.13-1　开洞口工具

4.13.1　面洞口

使用按面开洞，可以创建一个垂直于屋顶、楼板或顶棚的选定面的洞口，选择功能区"建筑"→"洞口"→"按面"命令，选择要开洞的屋顶平面，如图 4.13-2 所示，进入洞口边界绘制状态，在屋顶平面绘制出洞口边界，如图 4.13-3 所示，完成编辑模式洞口即可绘制完成，如图 4.13-4 所示。

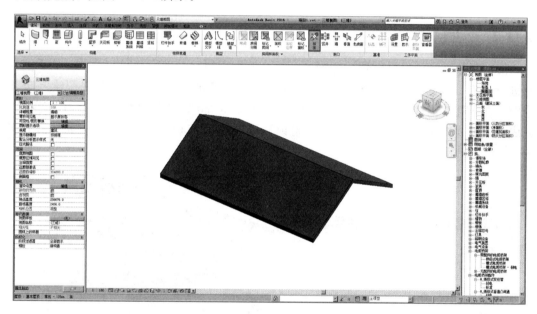

图 4.13-2　拾取开洞平面

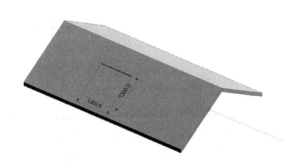

图 4.13-3　绘制开洞轮廓

图 4.13-4　完成开洞

4.13.2　竖井洞口

使用竖井开洞，可以创建一个跨多个标高的垂直洞口，贯穿其间的屋顶、楼板和顶棚进行剪切。选择功能区"建筑"→"洞口"→"竖井"命令，在平面视图绘制竖井轮廓，在属性对话框可以设置竖井底部限制条件、顶部约束等参数，如图 4.13-5 所示，完成编辑模式，在竖井洞口范围内的屋顶、楼板和天花板都会被剪切，如图 4.13-6 所示。

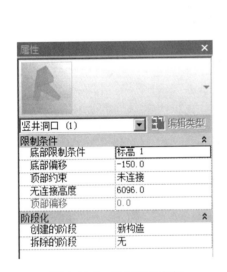

图 4.13-5　设置竖井参数

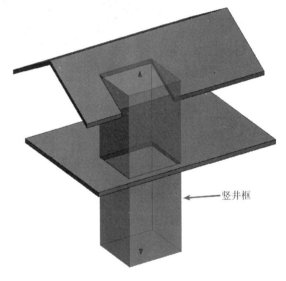

图 4.13-6　竖井洞口

4.13.3　墙洞口

墙洞口命令可用于在直墙或弯曲墙中剪切一个矩形洞口，选择功能区"建筑"→"洞口"→"墙"命令，选中要开洞的墙体，移动光标单击分别确定矩形洞口的起点、终点，即可完成墙洞口创建，如图 4.13-7 所示，选中创建的墙洞口，在属性对话框可设置洞口顶部偏移等参数，如图 4.13-8 所示。

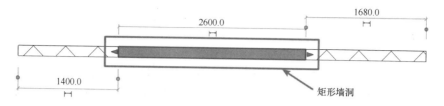

图 4.13-7　墙洞口创建

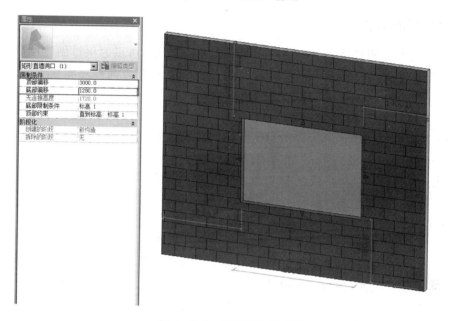

图 4.13-8　设置墙洞口参数

4.13.4　垂直洞口

垂直洞口可以剪切一个贯穿屋顶、楼板或顶棚的洞口，垂直洞口垂直于标高，它不反射选定对象的角度，如图 4.13-9 所示，其创建方式与面洞口创建方式相同，可参考4.13.1 节。

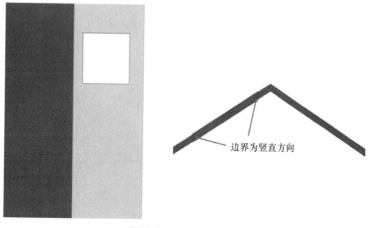

图 4.13-9　开洞方式

4.14 创建场地

使用 Revit Architecture 提供的场地工具，可以为项目创建场地三维地形模型、场地红线、建筑地坪等构件，完成建筑场地设计。可以在场地中添加植物、停车场等场地构件，以丰富场地表现

4.14.1 添加地形表面

地形表面是场地设计的基础。使用"地形表面"工具，可以为项目创建地形表面模型。Revit Architecture 提供了两种创建地形表面的方式：放置高程点和导入测量文件。放置高程点的方式允许用户手动添加地形点并指定点高程。Revit Architecture 将根据已指定的高程点，生成三维地形表面。这种方式由于必须手动绘制地形中每一个高程点，适合用于创建简单的地形模型。导入测量文件的方式可以导入 dwg 文件或测量数据文本，Revit Architecture 自动根据测量数据生成真实场地地形表面。

地形表面是建筑场地地形或地块地形的图形表示。默认情况下，楼层平面视图不显示地形表面，可以在三维视图或在专用的"场地"视图中创建。

1. 通过放置点方式生成地形表面

在项目浏览器中展开"楼层平面"项，双击视图名称"场地"，进入场地平面视图。为了便于捕捉，在场地平面视图中根据绘制地形的需要，绘制六条参照平面。单击"常用"选项卡"工作平面"面板"参照平面"命令，绘制参照平面，如图 4.14-1 所示，选择功能区"体量和场地"→"场地建模"→"地形表面"命令，在"修改 | 编辑表面"关联选项卡选择"放置点"命令，如图 4.14-2 所示，单击"放置点"命令，选项栏显示

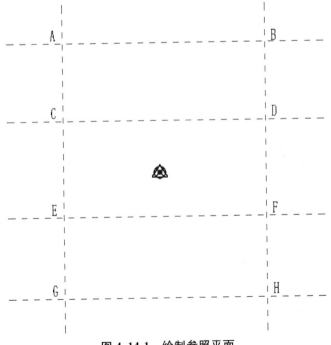

图 4.14-1 绘制参照平面

"高程"选项，将光标移至命令栏，如图 4.14-3 所示，高程数值"0.0"上双击，即可设置新值，输入"－500"按 Enter 键完成高程值的设置。移动光标至绘图区域，依次单击图 4.14-1 中 A、B、C、D 四点，即放置了 4 个高程为"－500"的点，并形成了以该四点为端点的高程为"－500"的一个地形平面。再次将光标移至选项栏，双击"高程"值"－450"，设置新值为"－4000"，按 Enter 键。光标回到绘图区域，依次单击 E、F、G、H 四点，放置四个高程为"－4000"的点。在属性对话框可以设置地形表面材质，点击完成表面即可完成地形表面的创建，如图 4.14-4 所示。

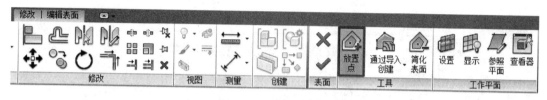

图 4.14-2　选择放置点命令

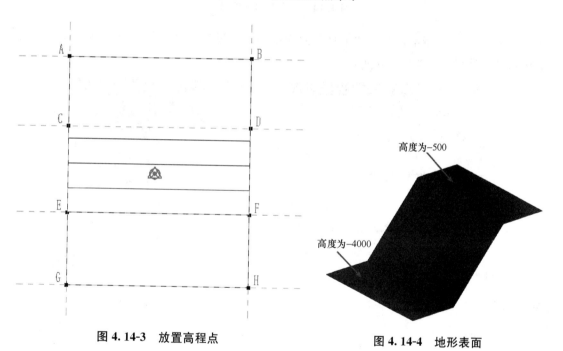

图 4.14-3　放置高程点

图 4.14-4　地形表面

2. 通过导入数据创建地形表面

Revit Architecture 支持两种形式的测绘数据文件：dwg 等高线数据文件和高程点文件。通过下面的练习说明这两种创建地形表面模型的方法。

导入 CAD：首先切换至场地楼层平面视图，如图 4.14-5 所示，单击"插入"选项卡"导入"面板中的"导入 CAD"按钮，打开"导入 CAD 格式"对话框。

在"导入 CAD 格式"对话框中浏览至想要导入的 CAD 文件。如图 4.14-6 所示，设置对话框底部的"导入单位"为"米"，"定位"方式为"自动-原点到原点"，"放置于"选项设置为"标高 1"标高。单击"打开"按钮，导入 dwg 文件。

单击"地形表面"工具，进入地形表面编辑状态，自动切换至"修改｜编辑表面"选

图 4.14-5　导入 CAD

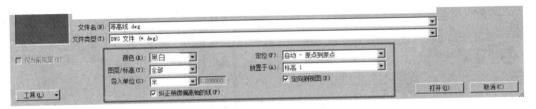

图 4.14-6　设置导入方式

项卡。如图 4.14-7 所示，单击"工具"面板中的"通过导入创建"下拉工具列表，在列表中选择"选择导入实例"选项。

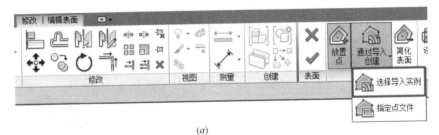

(a)

(b)

图 4.14-7　选择导入实例

单击拾取视图中已导入的 dwg 文件，弹出"从所选图层添加点"对话框。如图 4.14-8所示，该对话框显示了所选择 dwg 文件中包含的所有图层。勾选"主等高线"和"次等高线"图层，单击"确定"按钮，退出"从所选图层添加点"对话框。Revit Architecture 将分析所选图层中三维等高线数据并沿等高线自动生成一系列高程点。

Revit Architecture 沿所选择图层中带有高程值的等高线生成的高程点较密，单击"工具"面板中的"简化"工具，弹出"简化表面"对话框，如图 4.14-9 所示，输入"表面精度"值为 76.2，单击"确定"按钮确认该表面精度，剔除多余高程点。

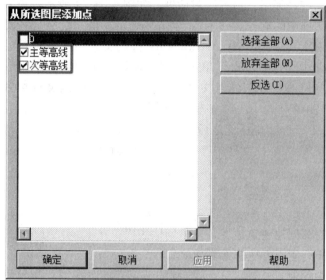

图 4.14-8 添加点设置

图 4.14-9 简化表面

单击"完成表面"按钮完成地形表面模型。选择导入的 dwg 文件，按 Delete 键删除该 dwg 文件。切换至 3D 视图，地形模型如图 4.14-10 所示，Revit Architecture 会按默认设置间距显示等高线。

图 4.14-10 完成表面

导入测量点文件：根据测量点文件中记录的测量点 x、y、z 值创建地形表面模型。通过下面的练习学习使用测量点文件创建地形表面的方法。

首先切换至三维视图。单击"地形表面"工具，自动切换至"编辑表面"上下文选项卡。单击"工具"面板中的"通过导入创建"下拉工具列表，在列表中选择"指定点文件"选项，弹出"打开"对话框。设置"指定点文件"

图 4.14-11　设置导入测量点文件单位

对话框底部的"文件类型"为"逗号分隔文本"，浏览至想导入的高程文本文件，单击"打开"按钮导入该文件，弹出"格式"对话框。如图 4.14-11 所示，设置文件中的单位为"米"，单击"确定"按钮继续导入测量点文件。Revit Architecture 将按文本中测量点记录创建所有测量点，单击"完成表面"按钮完成地形表面。关闭该项目，不保存对该文件的修改，导入的点文件必须使用逗号分隔的文件格式（可以是 csv 或 txt 文件），且必须以测量点的 x、y、z 坐标值作为每一行的第一组数值，点的任何其他数值信息必须显示在 x、y 和 z 坐标值之后。Revit Architecture 忽略该点文件中的其他信息（如点名称、编号等）。如果该文件中存在 x 和 y 坐标值相等的点，Revit Architecture 会使用 z 坐标值最大的点。

4.14.2　添加建筑地坪

创建地形表面后，可以沿建筑轮廓创建建筑地坪，平整场地表面。在 Revit Architecture 中，建筑地坪的使用方法与楼板的使用方法非常类似。

建筑地坪可以在"场地"平面中绘制，接图 4.14-4 绘制的地形表面，在项目浏览器中展开"楼层平面"项，双击视图名称"标高三"，进入 $-4000mm$ 的标高三平面视图。单击"场地建模"面板"建筑地坪"命令，进入建筑地坪的草图绘制模式。单击"绘制"面板"直线"命令，移动光标到绘图区域，开始顺时针绘制建筑地坪轮廓，如图 4.14-12 所示，必须保证轮廓线闭合。单击"图元"面板"建筑地坪属性"命令，打开"实例属性"对话框，单击参数"标高"的值列，单击后面的下拉箭头，选择建筑地坪的限值条件，如图 4.14-13 所示。单击"实例属性"对话框中上方的"编辑类型"，打开"类型属性"对话框，单击"结构"后的"编辑"按钮，打开"编辑部件"对话框，如图 4.14-14 所示，可以对建筑地坪构造进行设置，与楼板构造设置相同，暂不赘述。单击"完成建筑地坪"命令完成建筑地坪的创建，如图 4.14-15 所示。

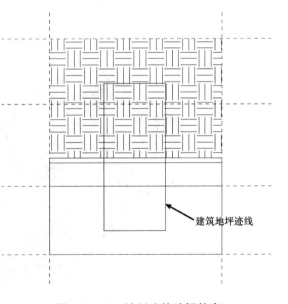

建筑地坪迹线

图 4.14-12　绘制建筑地坪轮廓

图 4. 14-13　建筑地坪实例属性

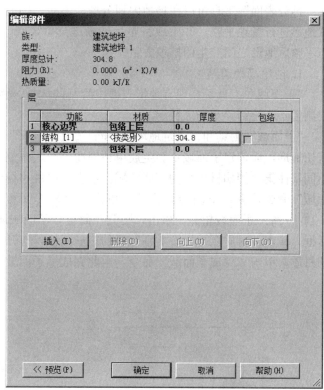

图 4. 14-14　建筑地坪构造设置

图 4. 14-15　创建建筑地坪

4. 14. 3　创建场地道路与场地平整

完成地形表面模型后，可以使用"子面域"或"拆分表面"工具将地形表面划分为不同的区域，并为各区域指定不同的材质，从而得到更为丰富的场地设计。使用"子面域"

或"拆分表面"工具可以在场地内划分场地道路、场地景观等场地区域。场地还可以对现状地形进行场地平整,并生成平整后的新地形,Revit Architecture 会自动计算原始地形与平整后地形之间产生的挖填方量。

1. 创建场地道路

"子面域"工具是在现有地形表面中绘制的区域。例如,可以使用子面域在地形表面绘制道路或绘制停车场区域。

"子面域"工具和"建筑地坪"不同,"建筑地坪"工具会创建出单独的水平表面,并剪切地形,而创建子面域不会生成单独的地平面,而是在地形表面上圈定了某块可以定义不同属性集(例如材质)的表面区域。单击"体量和场地"选项卡"修改场地"面板"子面域"命令,进入草图绘制模式,单击"绘制"面板"直线"工具,顺时针绘制如图4.14-16 所示子面域轮廓,单击"图元"面板"子面域属性"命令,打开"实例属性"对话框,单击"材质"→"按类别"后的矩形图标,打开"材质"对话框,可对选择子面域的材质,单击"完成子面域"命令,至此完成了子面域道路的绘制,如图 4.14-17 所示。

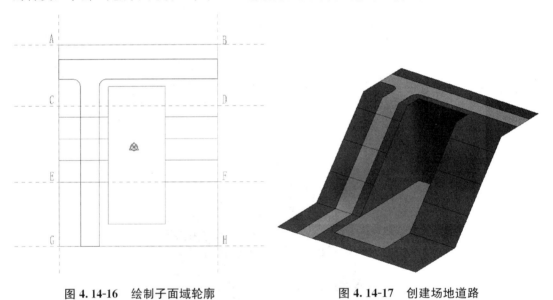

图 4.14-16 绘制子面域轮廓   图 4.14-17 创建场地道路

2. 场地平整

在实际工程中,必须将原始的测量地形表面进行开挖、平整后,才可以作为建筑场地使用,并需要根据场地红线范围和场地设计标高计算场地平整产生的方量。Revit Architecture 可以在创建地形表面后,绘制红线,并对场地进行平整开挖,通过表格统计开挖带来的土方量。

首先通过导入 dwg 文件的方式创建了原始测量地形,单击"体量和场地"选项卡"修改场地"面板中的"建筑红线"工具,弹出"创建建筑红线"对话框,如图4.14-18 所示,单击"通过绘制来创建"方

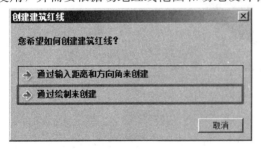

图 4.14-18 创建建筑红线

式，进入创建建筑红线草图模式，自动切换至"修改｜创建建筑红线草图"选项卡。

确认"绘制"面板中建筑红线的绘制方式为"直线"，勾选选项栏中的"链"选项，确认"偏移"值为 0，不勾选"半径"选项；依次单击 A、B、C、D 位置参照平面交点，绘制封闭的建筑红线。完成后，单击"模式"面板中的"完成编辑模式"按钮完成建筑红线，结果如图 4.14-19 所示。

提示：选择上一步中创建的建筑红线，在"属性"面板中可以查看该红线范围的面积。

选择地形表面图元，修改"属性"面板中的"创建的阶段"为"现有"，即地形表面所在的阶段为"新构造"，其他参数不变，单击"应用"按钮应用该设置，如图 4.14-20 所示。

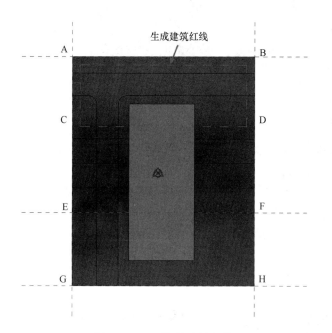

图 4.14-19　绘制建筑红线

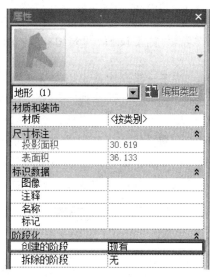

图 4.14-20　修改创建的阶段

提示：Revit Architecture 使用阶段记录各构件出现的时间先后顺序。在默认情况下，"现有"时间点位于"新构造"时间点之前。

单击"体量和场地"选项卡"修改场地"面板中的"平整区域"工具，弹出"编辑平整区域"对话框，如图 4.14-21 所示，选择"仅基于周界点新建地形表面"方式，单击拾取地形表面图元，Revit Architecture 将进入到"修改｜编辑表面"编辑模式，并沿所拾取地形表面边界位置生成新的高程点。

按 Esc 键两次，退出当前"放置点"工具。如图 4.14-22 所示，选择边界上靠近 A 点位置任意一个高程点，将其拖曳至 A 点处参照平面交点位置。使用类似的方式，分别选择任意一个边界点，将其拖曳至 B、C、D 参照平面交点位置。选择其他边界点，按键盘 Delete 键将其删除。框选位于 A、B、C、D 位置的高程点，修改"属性"面板中的"立面"高程值为 28000mm（28.000m），即整平后的地形表面将与建筑红线的形状完全一致，且整平后地形平面设计标高为 28.000m。

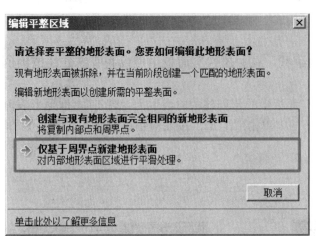

图 4.14-21 "编辑平整区域"对话框

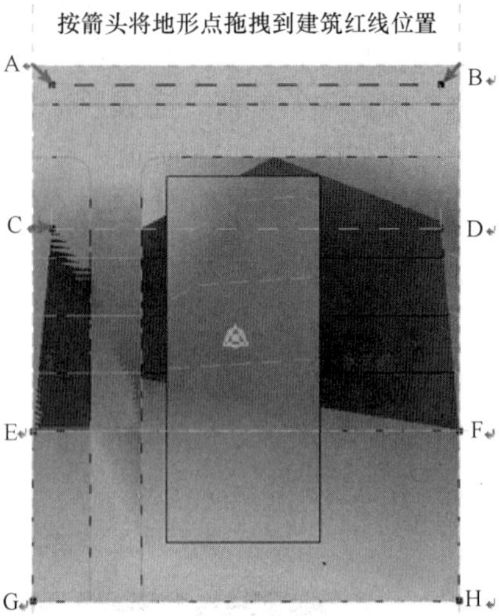

图 4.14-22 选择高程点

按 Esc 键两次退出当前选择集。如图 4.14-23 所示，修改"属性"面板的"名称"为 "整平场地"。确认场地阶段为"新构造"，其他参数不变。单击"模式"面板中的"完成编辑模式"按钮，完成地形表面编辑。提示在属性面板中，可以看到该地形表面与原始地形表面相比较产生的"填充"土方量与"截面"（挖方）土方量值。切换至"明细表/数量"视图类型中的"地形明细表"视图，如图 4.14-24 所示，在该明细表中，已经统计显示了该整平的场地的各种方量信息。至此，完成场地平整练习。

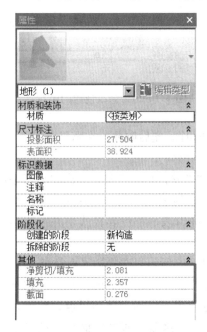

图 4.14-23 修改名称

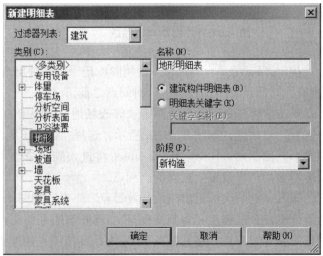

图 4.14-24 地形明细表

在创建"建筑红线"时，既可以通过绘制来创建建筑红线，也可以通过输入距离和方向角来创建。当使用"通过输入距离和方向角来创建"选项时，Revit Architecture 将弹出图 4.14-25 所示的"建筑红线"对话框，分别输入每条边的长度、偏转角度、方向等生成建筑红线区域。

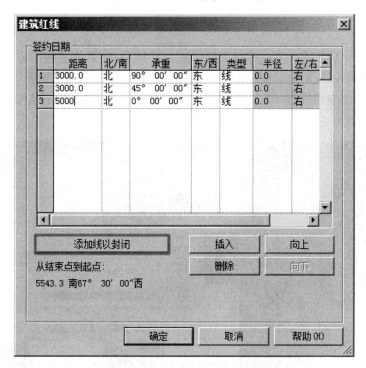

图 4.14-25　"建筑红线"对话框

Revit Architecture 可以将绘制方式生成的建筑红线转换为距离和方向角方式，通过"建筑红线"对话框修改已绘制的建筑红线，但通过距离和方向角方式创建的建筑红线则只能通过"建筑红线"对话框修改已有建筑红线。

"平整区域"工具实际是根据当前已有地形表面创建新的地形高程点，再通过编辑新地形高程点作为平整后场地地形表面。Revit Architecture 可以通过沿已有地形表面边界或复制已有地形表面的全部高程点的方式创建新地形高程点，并允许用户对已生成的高程点进行编辑和修改。

在使用"平整区域"时，必须对原地形表面和平整后的新地形表面进行"阶段"划分，使得平整区域后的场地模型与原始场地模型不在同一"阶段"内。

第五章 结 构 模 块

在进行结构建模之前，要先选择结构样板，打开 Revit 软件，我们可以使用软件自带的样板文件或者导入我们自己制作的样板文件，选择"项目"→"新建"，在样板文件下拉菜单里选择"结构样板"，勾选"项目"，点击确定即项目采用的是结构样板文件，如图5-1 所示。

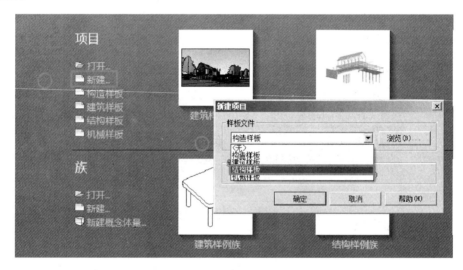

图 5-1 选择样板文件

5.1 创建梁与桁架体系

Revit Architecture 提供了梁、支撑、梁系统和桁架共 4 种创建结构梁的方式。其中梁和支撑均采用与绘制墙相似的方式生成梁图元；梁系统则在指定的区域内按指定的距离阵列生成梁；而桁架则通过放置"桁架"族，设置族类型属性中的上弦杆、下弦杆、腹杆等梁族类型，生成复杂形式的桁架图元。无论使用哪种方式均必须先载入指定的梁族文件。

5.1.1 绘制梁

进入要绘制梁的平面视图，选择功能区"结构"→ ⚙"结构框架：梁"命令，在功能选项卡"修改 | 放置梁"下默认选择"直线"绘制工具，如图 5.1-1 所示。

在属性栏的类型下拉列表里选择"混凝土"→"矩形梁"，复制新建一个新的类型，比如"JCL8 400×600"，并修改类型属性如图 5.1-2 所示，单击"确定"完成该新类型的创建。

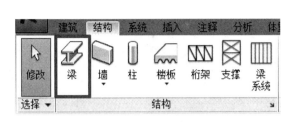

图 5.1-1　梁绘制命令

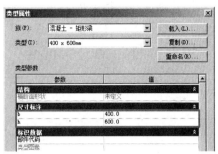

图 5.1-2　新建梁类型

创建梁时可以将 CAD 结构梁配筋图链接作为参照。选择需要的梁类型，在其选项栏上指定放置平面和梁的结构用途，如图 5.1-3 所示。"结构用途"属性具有以下特性：

（1）明细表可根据"结构用途"进行分类统计；

（2）可通过视图详细程度控制梁的线样式。可使用"对象样式"对话框修改结构用途的默认样式。

结构用途有大梁、水平支撑、托梁、檩条和其他几个选项。

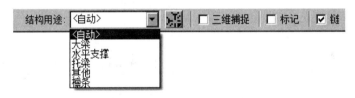

图 5.1-3　梁选项栏设置

在绘图区域中单击起点和终点以绘制梁。绘制时，光标会捕捉到结构柱或结构墙等结构构件，便于放置。

梁绘制好后，可在其属性栏对其位置进行修改，在"起点标高偏移"和"终点标高偏移"可以分别设置梁两端相对"参照标高"的偏移，可以输入不同的偏移值来创建斜梁。比如梁"JCL15 1000×1200"设置如图 5.1-4 所示。

对于横截面有旋转角度的梁，可修改"横截面旋转"角度来实现，如图 5.1-5 所示。

在梁的属性中，"几何图形位置"框内的参数用于定义梁定位线的位置，其各参数含义为：

（1）YZ 轴对正：有"统一"和"独立"两个选项，"独立"可以分别调整梁的起点和终点，"统一"则是对梁整体的设置。

（2）Y 轴对正：有"原点、左、中心、右"四个选项，表示梁沿绘制方向的定位线位置，如图 5.1-6 所示。

图 5.1-4　梁属性设置

（3）Y 轴偏移：指梁水平方向上相对于"Y 轴对正"设置的定位线的偏移量。

（4）Z 轴对正：有"原点、顶、中心、底"四个选项，表示梁垂直方向的定位线位置，如图 5.1-7 所示。

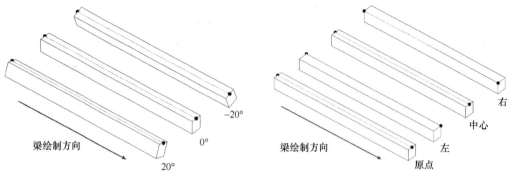

图 5.1-5　梁截面旋转角度　　　　　　　图 5.1-6　Y 轴对正四种情况

（5）Z 轴偏移：指梁在垂直方向上相对于"2 轴对正"设置的定位线的偏移量。其结构属性如图 5.1-8 所示。

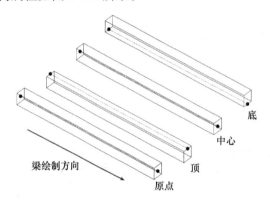

图 5.1-7　2 轴对正四种情况　　　　　　图 5.1-8　梁的结构属性

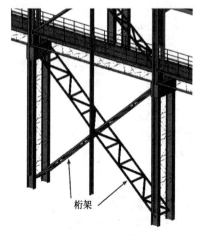

图 5.1-9　支撑

5.1.2　其他梁构件与梁设置

除梁工具外，Revit 还提供支撑、梁系统和桁架工具，用于创建不同形式的梁。

支撑的使用方式类似于创建结构柱中的斜柱。不同的是它使用项目中已载入的梁族和类型生成支撑图元，如图 5.1-9 所示。

在楼层平面视图中绘制完梁后，可以修改梁"属性"面板中的"起点标高偏移"和"终点标高偏移"值，修改梁图元为斜梁形式。

Revit 还提供了"梁系统"工具，用于按指定间距、数量在范围内生成梁。使用梁系统时，必须先绘

制封闭草图轮廓，指定梁生成方向，设置梁系统实例参数中使用的梁类型及数量等。图
5.1-10 所示为使用梁系统草图轮廓生成的梁系统模型。

在绘制梁和梁系统时，除可将梁放置在标高平面上之外，还可以放置在任意参照平面
上。单击"常用"选项卡"工作平面"面板中的"设置"按钮，弹出"工作平面"对话
框，可以拾取任意参照平面。拾取参照平面后，梁和梁系统将沿参照平面方向生成。如图
5.1-11 所示，使用"梁系统"并放置在沿屋面梁顶部平面方向上生成工业厂房轻钢屋顶
檩条。

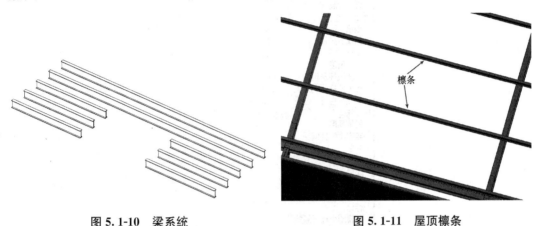

图 5. 1-10　梁系统　　　　　　　　　　　图 5. 1-11　屋顶檩条

Revit 还提供了桁架工具，通常放置桁架族，通过指定桁架族"类型属性"对话框中
的上弦杆、垂直腹杆、斜腹杆、下弦杆等梁类型，生成三维桁架图元，如图 5.1-12 所示。

图 5. 1-12　桁架

使用桁架族可以快速生成各类复杂桁架图元，而在定义桁架族时，仅需采用绘制二维
线的方式绘制桁架定位线即可。在项目中使用该族时，通过图 5.1-13 所示的"类型属性"
对话框，定义沿桁架线的各方向使用何种梁类型生成真实桁架模型，大大简化了桁架模型
的创建难度。

Revit 提供了"公制结构桁架 . rft"族样板文件，允许用户基于该样板创建各种形式
的桁架线框模型，并在项目中依据定义生成真实桁架模型。

图 5.1-13 类型属性

　　梁和柱可以在视图中以缩略图的方式显示。如图 5.1-14 所示，在默认情况下，当视图的详细程度设置为"粗略"时，梁将显示为单线；而当视图详细程度为"中等"或"精细"时，则显示为真实的梁截面形状。

　　当梁连接到其他承重结构构件时，例如，连接到结构柱，在粗略视图精度下（即梁显示为简化单线条），可以显示梁与连接图元间的间隙，以满足出图的要求。Revit 可根据默认的缩进设置调整非混凝土梁的收进和缩进。单击"结构"面板名称右侧的斜箭头 ⚫，可以打开"结构设置"对话框，如图 5.1-15 所示，可以设置梁、柱、支撑的缩进距离。

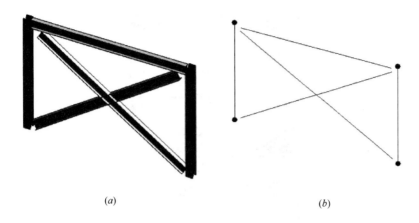

图 5.1-14　视图的详细程度

（a）精细的显示样式；（b）粗略的显示样式

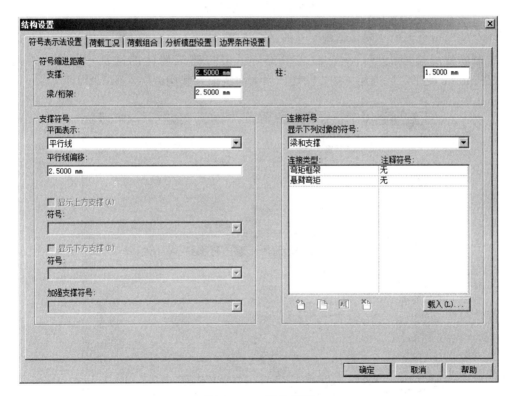

图 5.1-15　结构设置

5.2　创建结构墙体

项目中的剪力墙，使用"结构墙"命令来创建。结构墙创建方法与第 4.3 节讲到的墙体方法相同，不同的在于结构墙具有结构属性。

选择功能区"结构"→"墙"→"墙：结构"，如图 5.2-1 所示。在功能选项卡"建

图 5.2-1 "结构墙"命令

筑"中"墙"命令下的"墙：结构"与该命令相同。

复制新建结构墙类型，注意命名中要显示出与建筑墙体的区别，比如"结构外墙—300mm"，便于之后选用。按之前墙体设置方法设置其构造层，图 5.2-2 所示。

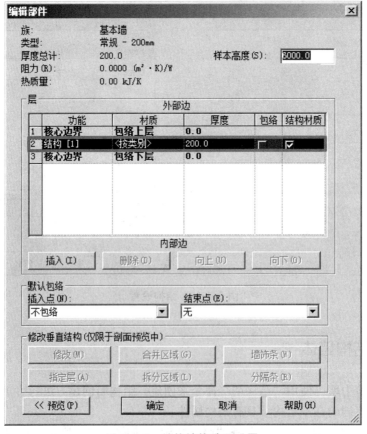

图 5.2-2 结构墙构造层设置

注意结构墙的属性栏中增加了多项结构参数，如图5.2-3所示。

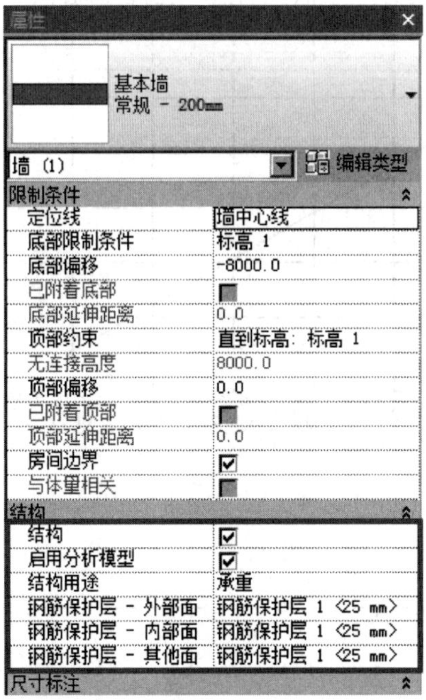

图5.2-3　结构墙属性

绘制结构墙方法和之前墙体方法一致，要注意的是结构墙的选项栏设置默认为"深度"，是从当前层为基准，向下绘制的，这与建筑墙的默认设置不一样。

5.3　创建结构柱

结构柱创建方法与第4.5节讲到的墙体方法相同，不同的是结构柱具有结构属性。

在创建结构柱方式上，结构柱可以通过"在轴网处"和"在柱处"快速创建结构柱，如图5.3-1所示。

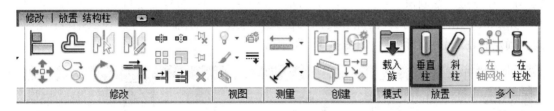

图5.3-1　"多个"放置结构柱

选择功能区"结构"→"结构"→"柱"命令，在"修改 | 放置结构柱"关联选项卡，多个面板里的"在轴网处"命令进入绘制模式，光标框选所有轴网，此时会在轴网交点处"预放置结构柱"，如图5.3-2所示，点击"完成"即可放置所有结构柱。"在柱处"用于在选定的建筑柱内部创建结构柱。

结构柱也可创建斜的结构柱，在"修改 | 放置结构柱"关联选项卡，放置面板里的

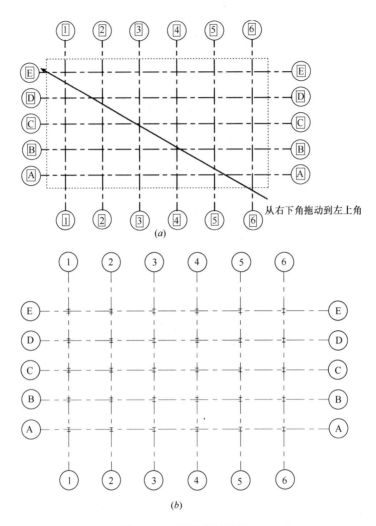

图 5.3-2　预放置结构柱

"斜柱"命令进入绘制模式，如图 5.3-3 所示，在工具栏里，可以通过设置"第一次单击"和"第二次单击"确定斜柱起点和终点的位置，勾选"三维捕捉"可以在三维视图里捕捉，确定斜柱的起点和终点，如图 5.3-4 所示。

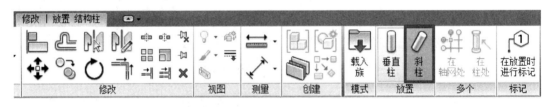

图 5.3-3　斜柱

图 5.3-4　斜柱命令栏

在属性对话框里，可以设置斜柱的限制条件参数，在构造里可以设置底部和顶部的截面样式等参数，如图 5.3-5 所示。

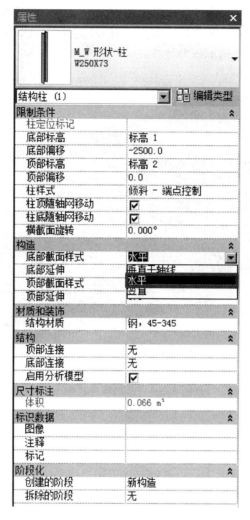

图 5.3-5　实例属性

5.4　创建结构楼板

在第 4.7 节已经讲解了建筑楼板，在此创建的是放在结构专业模型中的结构楼板。结构楼板的创建方法与建筑楼板一致，不同的是结构楼板会具有结构属性，具体创建方式可参考 4.7 节的内容。

5.5　创建结构基础

Revit 提供了 3 种基础形式，分别是条形基础、独立基础和基础底板，用于生成不同类型基础。

条形基础的用法类似于墙饰条，用于沿墙底部生成带状基础模型。单击选择墙即可在墙底部添加指定类型的条形基础，如图 5.5-1 所示。可以分别在条形基础类型参数中调节条形基础的坡脚长度、根部长度、基础厚度等参数，以生成不同形式的条形基础。与墙饰条不同的是，条形基础属于系统族，无法为其指定轮廓，且条形基础具备诸多结构计算属性，而墙饰条则无法参与结构承载力计算。

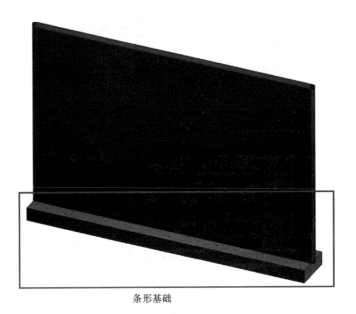

条形基础

图 5.5-1　添加条形基础

独立基础是将自定义的基础族放置在项目中，并作为基础参与结构计算。使用"公制结构基础 . rte"族样板可以自定义任意形式的结构基础。

基础底板可以用于创建建筑阀板基础，其用法与楼板完全一致，在此不再详述。

5.6　创建钢筋

Revit 提供实体钢筋建模功能，虽然目前国内流行"平法"这种结构施工图制图方法，其结构配筋的绘图方法与 Revit 的钢筋表达有差异，但在一些需要详细表达结构配筋的情况，例如钢筋较密集区域的结构节点、要进行较详细的钢筋工序模拟等情况，Revit 的实体钢筋模型就可以更详尽、更清晰地表达其真实情况。本节以梁配筋为例，讲解基本的钢筋建模方法。

本节以图 5.6-1 的 KL6 梁配筋为例，在项目浏览器打开"标高—结构平面，"对 KL6 框架梁进行配筋。

1. 创建配筋视图

选择功能区"视图"→"立面"→ "框架立面"命令，添加框架立面视图。注意，视图中必须有轴网，才能添加框架立面视图。

将光标移动到 KL6 梁上，出现立面符号，稍微移动光标位置可改变框架立面的视图方向，单击放置框架立面，如图 5.6-2 所示。

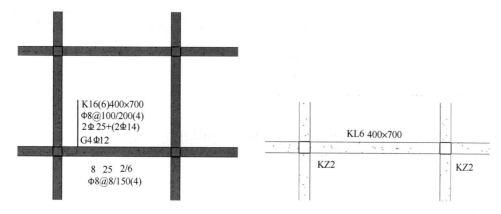

K16(6)400×700
Φ8@100/200(4)
2Φ25+(2Φ14)
G4Φ12

8　25　2/6
Φ8@8/150(4)

图 5.6-1　结构梁 KL6 配筋平法标注

KL6 400×700

KZ2　　　　KZ2

图 5.6-2　放置框架立面

单击框架立面符号右键菜单"进入立面视图"，调整框架立面视图的比例为"1∶50"，视图详细程度改为"精细"，以便突出钢筋的显示。

2. 创建箍筋

通常先配置箍筋，后配置纵筋，以便于纵筋在箍筋内的定位。如图 5.6-1 所示，KL6 梁的箍筋为 4 肢箍，加密区为Φ8@100，加密范围 1050mm，非加密箍筋为Φ8@150，先配置加密区。

选择功能区"结构"→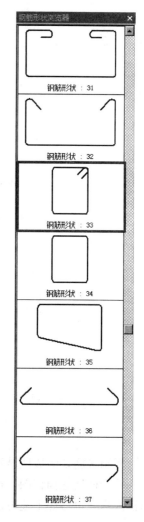"钢筋"，出现"钢筋形状浏览器"，选择"钢筋形状：33"（由于 Revit 默认没有四肢箍，先创建双肢箍，再改为四肢箍），如图 5.6-3 所示。

在钢筋属性栏选择"8HPB300"钢筋，选择功能区"修改放置钢筋→垂直于保护层"的放置方向，布局改为"最大间距"，间距修改为"100mm"，如图 5.6-4 所示。

单击 KL6 梁放置箍筋，如图 5.6-5 所示。

调整加密箍距离，先在梁两端的加密范围分别绘制参照平面，以便定位加密箍，如图 5.6-6 所示。

选择箍筋（有时不好选中箍筋，可通过 Tab 键循环选择），出现造型操纵柄，拖动至箍筋加密范围的参照平面位置，如图 5.6-7 所示。

要把双肢箍改为四肢箍，需要对箍筋的形状进行修改，在箍筋加密区创建剖面视图，转到剖面视图（如果箍筋弯钩位置不合适，可在选中箍筋状态下重复按空格键调整弯钩至正确位置）。当箍筋处于选中状态时，可拖拽蓝色造型控制柄，如图 5.6-8 所示，把箍筋宽度改窄。

图 5.6-3　钢筋形状浏览器

图 5.6-4　放置钢筋

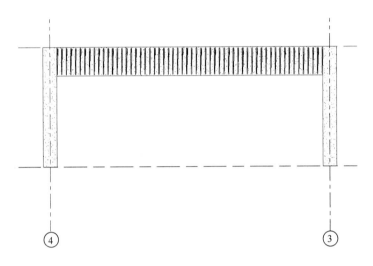

图 5.6-5　放置梁箍筋

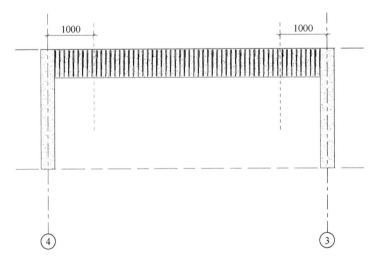

图 5.6-6　箍筋加密范围定位参照平面

　　复制箍筋，组成四肢箍，如图 5.6-9 所示。

　　转到框架立面视图，使用镜像功能，把梁左端完成的加密箍筋镜像到右端，梁中部非加密区箍筋也参照上述方法进行，最后完成的结果如图 5.6-10 所示。

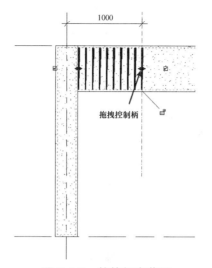

图 5.6-7　箍筋加密范围

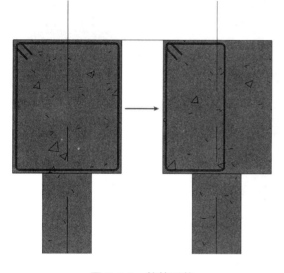

图 5.6-8　箍筋形状

图 5.6-9　复制双肢箍，
变为四肢箍

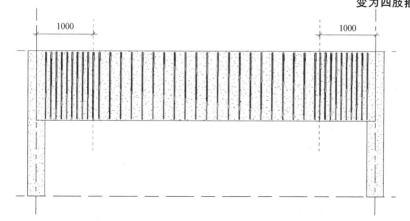

图 5.6-10　梁箍筋完成结果

3. 创建纵筋

按图 5.6-11 结构梁 KL6 配筋平法标注所示，该跨梁纵筋如下：

（1）顶部：2Φ25 通长筋，2Φ14 架立筋；

（2）侧面：4Φ构造筋；

（3）底部：8Φ25 分两排，下一排 6 根，上一排 2 根。

此处以创建顶部Φ25 纵筋为例，在梁中部创建剖面视图，然后转到剖面视图。选择功能区"结构"→ "钢筋"，出现"钢筋形状浏览器"，选择"钢筋形状：01"，在属性栏选择钢筋"25HRB400"，然后选择功能区"修改放置钢筋"→"垂直于保护层"，这时就可把纵筋放置到合适的位置（提示：为了钢筋位置定位准确，可临时创建参照平面来辅助定位），单击"放置完成"，如图 5.6-11 所示。

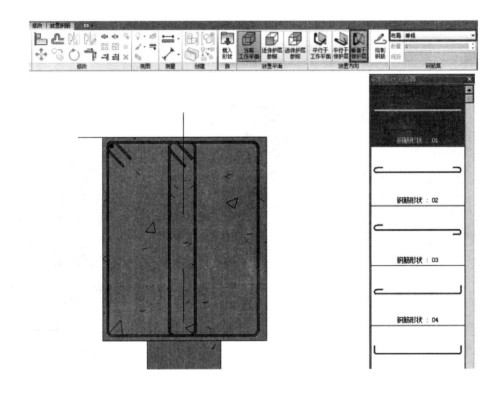

图 5.6-11 梁顶部纵筋创建

按上述方法完成其他纵筋。由于梁侧还有构造筋，所以还需按构造添加拉筋（钢筋形状：02），完成后如图 5.6-12 所示。

注：Revit 纵筋长度默认为梁的长度。所以锚固、搭接等长度，需要用户自行调整。可转到框架立面视图，通过拖动选中的钢筋后出现的造型操纵柄进行长度调整。

4. 钢筋标注

由于 Revit 默认的"M_钢筋标记"族是使用钢筋的"类型名称"进行标注，现在需要修改为"类型标记"进行标注，所以不能直接使用 Revit 提供的默认的"M_钢筋标记"族，除非对该族进行修改。

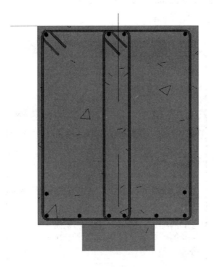

图 5.6-12　梁钢筋创建完成

（1）箍筋标注：选择功能区"注释"→ ① "按类别标记"，标记的属性类型选择"类型和间距"，然后单击箍筋进行标注。

（2）纵筋标注：纵筋通常多根直径相同，可使用"多钢筋"标记功能。选择功能区"注释"→"多钢筋"→ "线性多钢筋注释"，在属性栏，单击"编辑类型"按钮，打开"类型属性"窗口，在"标记族"栏选择"国标钢筋标记：类型"，如图 5.6-13 所示。

逐一单击钢筋，完成如图 5.6-14 所示。多钢筋标记功能目前还无法自动标注出实际的钢筋数量。

图 5.6-13　多钢筋注释属性设置

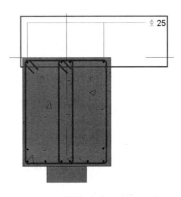

图 5.6-14　梁钢筋标注

5. 三维视图显示实体钢筋

由于实体钢筋模型需要消耗大量的计算机资源，所以 Revit 在三维视图中默认是使用单线条来表示钢筋，如果需要显示比较真实的实体钢筋效果，需要修改当前视图钢筋的显示方式。

选择要显示的钢筋（使用过滤器可更方便地筛选钢筋），在属性栏，按视图可见性状态的"编辑"按钮，如图 5.6-15 所示。

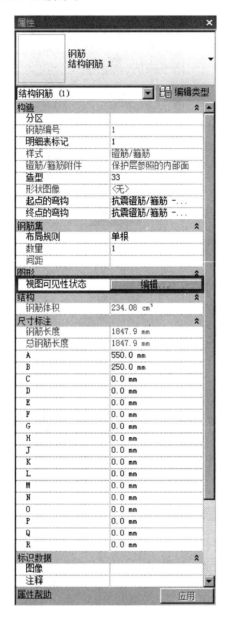

图 5.6-15 钢筋视图可见性属性

在"钢筋图元视图可见性状态"窗口，勾选需要显示实体钢筋的视图，如图 5.6-16 所示，设置完成后的钢筋真实显示效果如图 5.6-17 所示。

本节叙述了结构梁配筋的方法，对于柱、板、墙等结构构件的钢筋创建，方法相似，读者可参照本节结构梁的配筋方法，对其他结构构件进行钢筋的创建，此处不再叙述。

图 5.6-16 钢筋视图可见性窗口

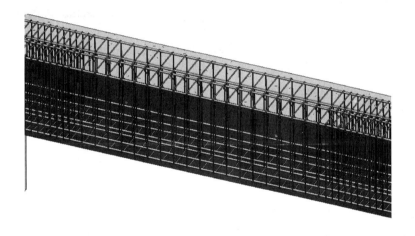

图 5.6-17 钢筋真实显示效果

注：不要大量使用实体钢筋的显示方式，以免计算机性能的急剧下降，
建议只在需要显示实体钢筋的局部区域使用。

第六章　通风系统模块

通风系统模块中涉及的实体可以分成四类：风管、风管管件、风管附件和机械设备。

6.1　创建风管及风管占位符

6.1.1　风管系统参数设置

在绘制风管前，需了解项目的通风系统信息。按照设计要求设置各个参数：风管系统类型、风管连接类型、风管尺寸。

1. 设置风管系统类型

单击"视图"→"用户界面"→"项目浏览器"，在项目浏览器中的"族"选项中，单击前面的"＋"，在其下拉列表中找到"风管系统"选项，如图 6.1-1 所示。

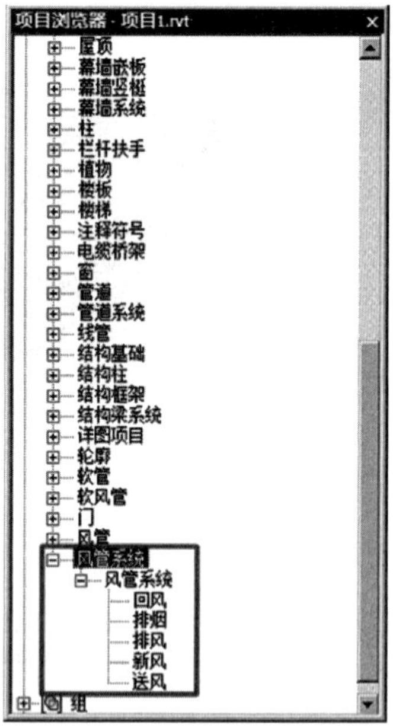

软件自带的项目样板中，风管系统中只有回风、排风、送风三个系统类型。经常根据实际项目添加新的系统类型。首先选中同一系统中要增加的类型，单击"右键"选择"复制"原有系统，再使用"重新命名"命令，以创建所需要的新系统类型，如图 6.1-2 所示。

双击风管系统类型，或者单击右键选择"类型属性"，可以在弹出的对话框中编辑风管系统类型属性，比如设置风管系统的颜色显示和各系统风管的材质。通过对不同的风管系统设置不同的颜色显示，可以帮助建模人员在项目中风管繁多的情况下，利用风管颜色直观的区分不同的风管系统类型，如图 6.1-3 所示。

图 6.1-1　风管系统类型

2. 设置风管连接类型

软件自带三种默认风管形状：矩形风管、圆形风管、椭圆形风管。绘制时风管时可在属性栏选用所需形状，如图 6.1-4 所示。

设置风管形状之后，还需设置风管之间的连接形式和风管连接件。

（1）在风管属性面板下，单击"编辑类型"，进入类型属性对话框后，点击"布管系统配置"后的"编辑"按钮，在"布管系统配置"对话框中设置风管的连接类型以及各个连接件，如图 6.1-5 所示。

（2）在设置风管连接类型的时候，如果项目中没有需要的族文件，需要用户通过"载

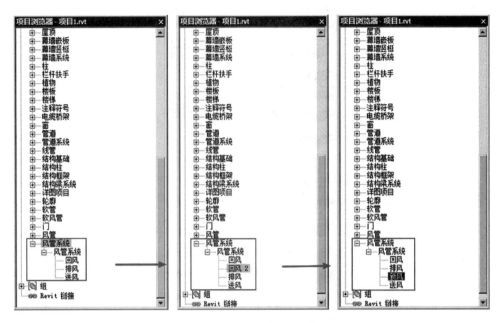

图 6.1-2　风管系统的添加

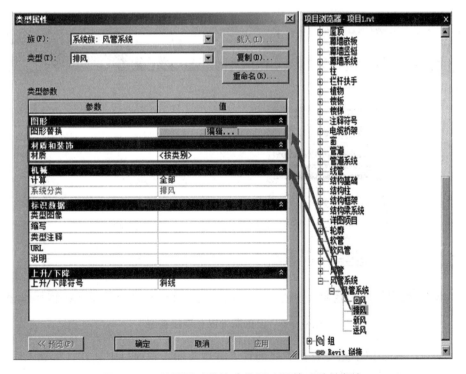

图 6.1-3　利用图形替换功能更改风管系统的颜色

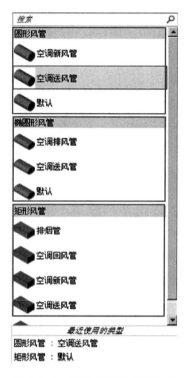

图 6.1-4　选择并编辑风管类型

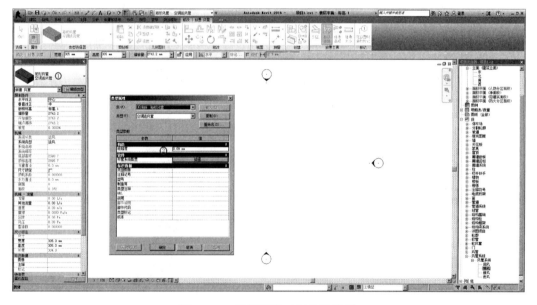

图 6.1-5　设置风管以及连接类型

入族"的方式，按照以下路径查找需要的管道类型并加入到项目中，并且将载入后的族文件在"布管系统配置"对话框中进行配置，如图 6.1-6 所示。

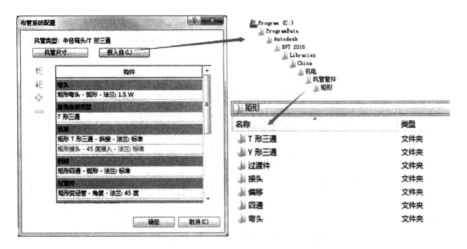

图 6.1-6 载入并配置风管管件族

3. 设置风管尺寸

Revit 自带有常用的风管尺寸，若需其他尺寸可在机械设置栏新建尺寸或编辑类型栏布管系统设置的风管尺寸新建尺寸，也可在绘制时直接修改尺寸，如图 6.1-7～图 6.1-9 所示。

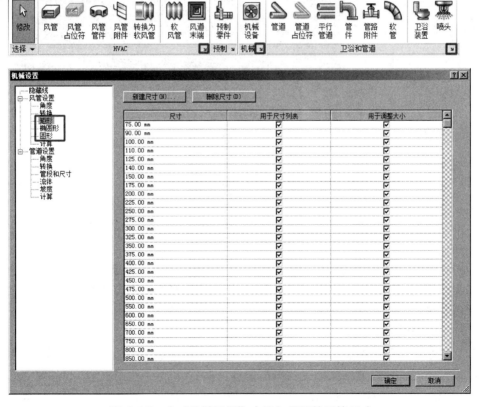

图 6.1-7 在"机械设置"中添加需要的风管尺寸

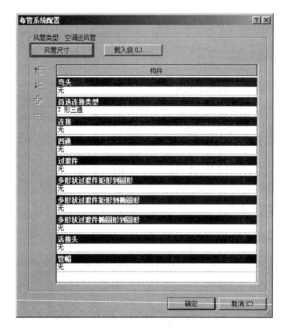

图 6.1-8 在系统类型中添加尺寸

图 6.1-9 在绘制时修改尺寸

6.1.2 绘制风管

1. 绘制水平风管

（1）单击"风管"命令后，在属性栏设置"水平对正"和"垂直对正"来确定风管绘制时的定位点。通过设置"参照标高"和"偏移量"来确定风管的水平高度。

在平面视图单击左键确定风管起点，再次单击确定终点即可绘制一段水平风管，如图6.1-10 所示。

（2）在绘制风管的操作界面下，"放置工具"面板下的"自动连接"是默认选中的，一般不需要更改。将鼠标放置在前一段风管的终点上，单击鼠标右键选择"绘制风管"即可继续绘制风管，并且当风管遇到拐弯处或者变径时，软件会按照"布管系统配置"中的设置自动生成相应弯头、变径等管件，如图 6.1-11 所示。

（3）绘制风管遇到要添加三通或四通的情况时，可在创建风管的操作下将鼠标放置在需要添加三通的风管的中心线位置，单击鼠标，然后将鼠标移到支管风管的终点再次单击，即可完成风管支管的绘制，同时系统会在两根风管连接处自动添加三通，如图 6.1-12、图 6.1-13 所示。

图 6.1-10　绘制水平风管

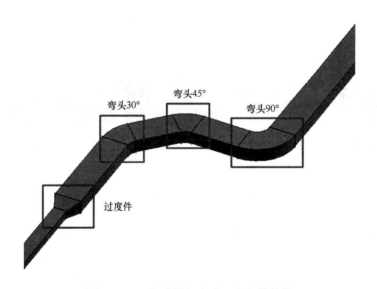

图 6.1-11　自动增加弯头、变径等管件

图 6.1-12　默认选中自动连接

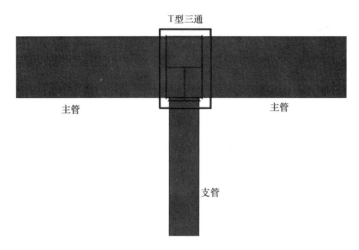

图 6.1-13　加支管和三通

如绘制完三通后还需增加支管，可选中三通，单击三通上面的"＋"则可将三通变为四通，如图 6.1-14 所示（注：如需将四通变为三通则可"单击"四通上方的"－"号便可）。

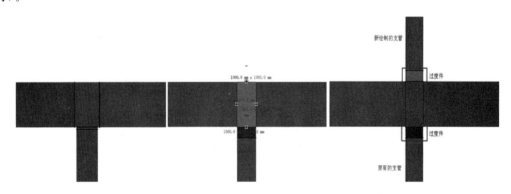

图 6.1-14　三通变四通

（4）当绘制风管遇到变径时，有时需要根据风管的具体位置调节风管的连接对正方式。

风管绘制完成后，在任意视图中，可以使用"对正"命令修改风管的对齐方式。首先选中要修改的管段，单击功能区中的"对正"，进入"对正编辑器"，选择对齐线、对正方式、控制点，单击"完成"，如图 6.1-15 所示。

2. 绘制竖直风管

方法一：首先绘制一段水平风管，然后更改风管的偏移量，进而继续绘制第二段水平风管。完成操作后将生成一段 Z 型的风管，如图 6.1-16 所示。

方法二：直接绘制一根单独的立管。首先点击平面上一点作为立管的起点，然后更改风管的偏移量，最后点击偏移量输入框后的"应用"按钮，即可在平面上风管起点确定的位置生成一根立管，如图 6.1-17 所示。

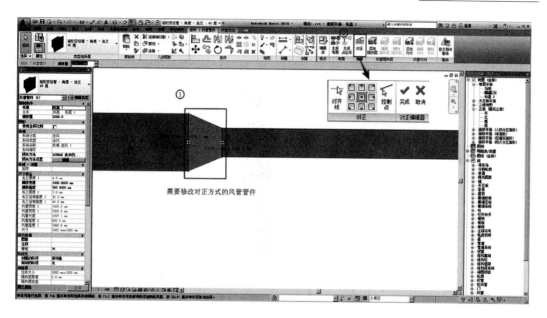

图 6.1-15 更改风管的对正方式

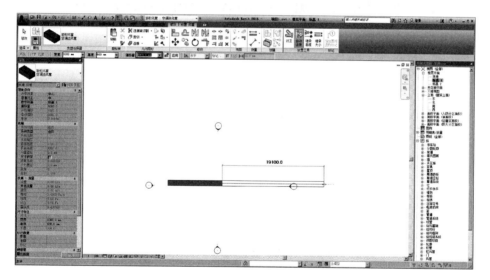

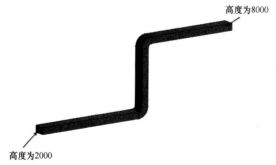

图 6.1-16 绘制 Z 型风管

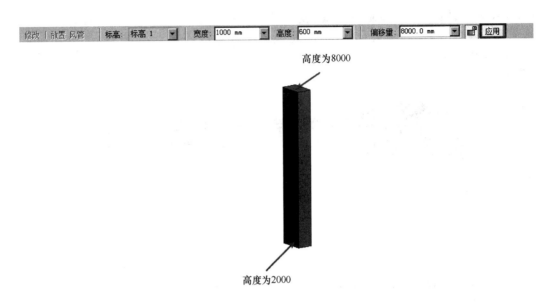

图 6.1-17　绘制垂直立管

注：在平面、里面或者三维视图中可通过修改风管两端的偏移量生成斜向风管，
点击"角度记号"修改参照后还可设置角度，如图 6.1-18 所示。

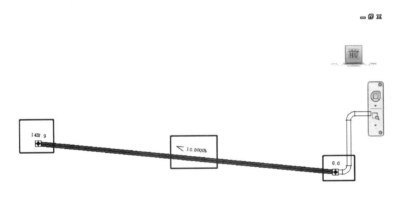

图 6.1-18　三通、支管的绘制同水平风管

6.1.3　绘制风管占位符

风管占位符用于风管的单线显示，在项目初期可以绘制风管占位符代替风管以提高软件的运行速度。风管占位符支持后期的碰撞检测功能，风管占位符在空间上代表有具体几何尺寸的风管。

如图 6.1-19 所示。单击"系统"→"风管占位符"进入风管占位符绘制模式后，其风管的参数设置同风管的绘制方法是相同的，然而风管占位符代表的是风管的中心位置，故在绘制时不能定义风管的"对正"方式，如图 6.1-19～图 6.1-21 所示。

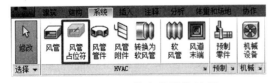

图 6.1-19　风管占位符的绘制

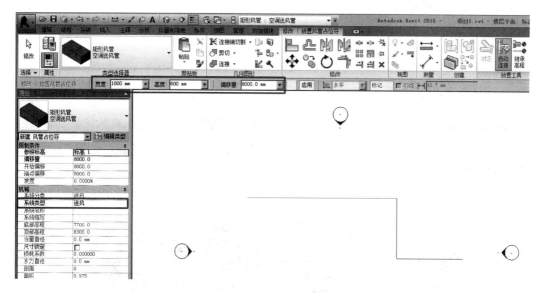

图 6.1-20 风管占位符数据输入

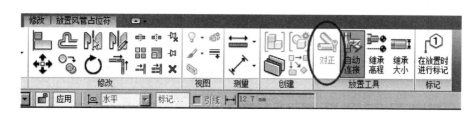

图 6.1-21 对正功能不能使用

当使用风管占位符绘制完成后，需将风管占位符转换成风管时，需选中风管占位符，使用"转换占位符"功能，即可将风管占位符转换为实体风管，如图 6.1-22 所示。

图 6.1-22 占位符转换为风管

6.2 创建风管末端

单击"系统"面板下"风道末端"命令，根据载入风口族的不同，有的风口族需要用户指定其风口的偏移量，有的风口依附于风管主体，则需要用户选择放置在风管上的位置，如图 6.2-1 所示。

对于用户指定风口偏移量的风口族，当风口直接放置在风管的中心线上，这时风管和风口会自动连接起来，如图 6.2-2 所示。当风口的位置不在风管的正下方时，风口不会自动和风管相连，这时候就要用到"连接到"命令，依次选择风口与风管，则系统会通过计算后自动布线将风口与风管进行连接，如图 6.2-3 所示。

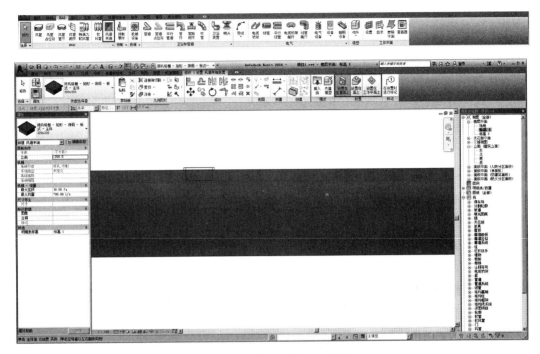

图 6.2-1　放置风管风口位置

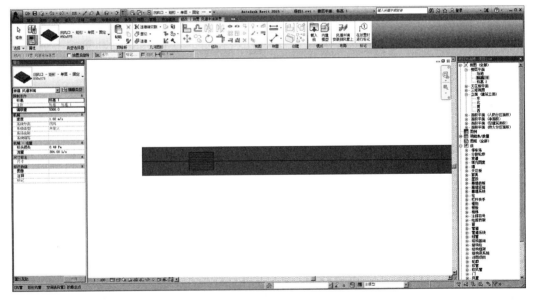

图 6.2-2　在风管上放置下风口

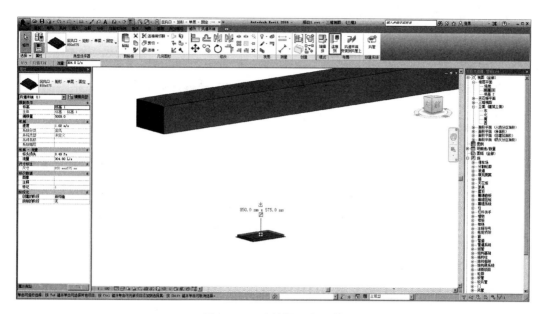

图 6.2-3　连接风口和风管

6.3　创建风管附件

风管附件一般包括调节阀、防火阀、排烟阀等各种阀部件，风管附件可以在平面视图、三维视图、立面视图、剖面视图中添加。

单击"系统"→"风管附件"，在"属性"栏中选择需要的风管附件，然后选择需要放置风管附件的位置，当捕捉到风管中心后，放置的风管附件会和选中的风管自动相连。如图 6.3-1 所示。

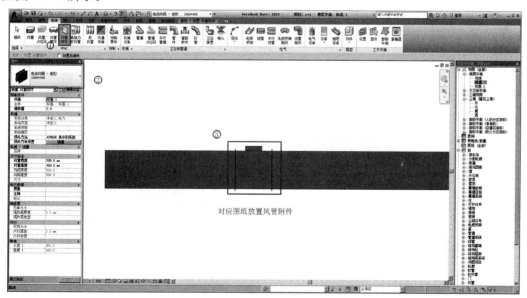

图 6.3-1　添加风管附件

　　不同的风管附件插入到风管中的安装效果不同，有些风管附件的族文件可以自动识别风管大小而调整族文件自身大小，但有些风管附件的族文件不能自动识别风管大小，这时需要修改族的参数来调整大小以符合项目需要，如图 6.3-2 所示。

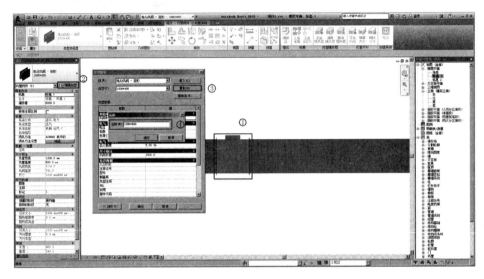

图 6.3-2　修改风管附件参数

6.4　创建机械设备

　　风管系统布置完成后，需要添加风机等风系统设备，首先仍需要将机械设备族载入到项目中。

　　将机械设备如排风机放置到项目中的相应位置，当可以捕捉到风管中心线上时，风机可以和风管自动连接，如图 6.4-1 所示。

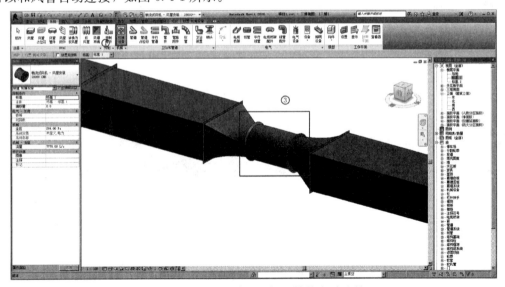

图 6.4-1　暖通系统风机与风管的自动连接

机械设备的族文件上设有风管连接的接口，从而可以直接由机械设备上绘制风管。选中设备的风管连接件之后单击右键，选择"绘制风管"，如图 6.4-2 所示。从设备连接件开始绘制风管时，按"空格"键，可自动根据设备连接的尺寸和高程调整绘制风管的尺寸和高程。

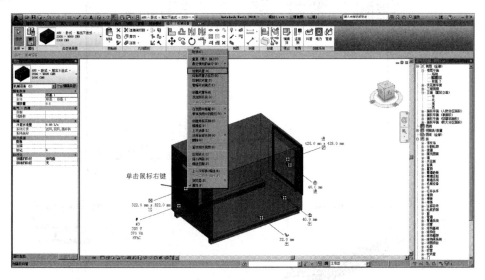

图 6.4-2　从暖通系统风机上连出风管

通常的建模思路为先放置机械设备，再将机械设备与风管进行连接。先选中相应的机械设备，单击"连接到"命令，再选择需要连接到的风管，软件将自动计算布线方案并将机械设备与选中的风管进行连接，如图 6.4-3 所示。当如果风机设备有多个连接件接口时，单击"连接到"命令时会出现"选择连接件"的对话框，选择需要连接风管的连接件，单击"确定"，然后再选择需要连接的风管，完成风机设备与风管的连接。

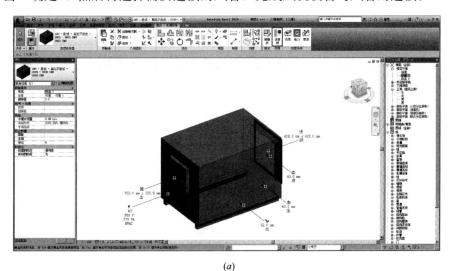

(a)

图 6.4-3　暖通系统风机与已有的风管连接（一）

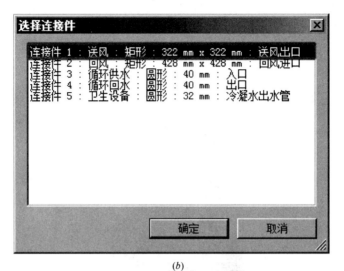

(b)

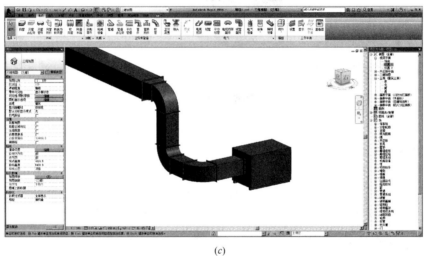

(c)

图 6.4-3 暖通系统风机与已有的风管连接（二）

第七章　管道系统模块

管道可以分为四类，管道、管件、管路附件和卫浴装置。具体的含义与通风系统模块中的实体大体保持一致，且在管道部分涉及的命令与通风系统模块中的命令大同小异。读者可参照第六章通风系统模块中所对应的各个命令的介绍来进行管道系统的建模。

7.1　绘制管道常用操作

1. 绘制带坡度的管道

项目中经常涉及带坡度的管道，在"修改|放置管道"的界面下，用户可以自主设置坡度值及方向，坡度值的下拉三角处提供了用户常用的坡度，以及向上、向下的坡度方向。如图 7.1-1 所示。

用户也可自行新建坡度值。新建的方式与新建管径的方式一致。选择功能区"管理"→"MEP 设置"→"机械设置"，选择"管道设置"中的"坡度"项，点击"新建坡度"，输入新建坡度百分比值。如图 7.1-2 所示。

图 7.1-1　绘制带坡度的管道

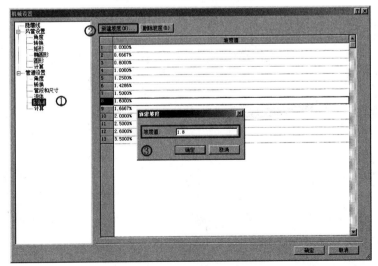

图 7.1-2　新建管道坡度

2. 绘制平行管道

单击"平行管道",在"修改｜放置平行管道"的选项卡中,设置建立的平行管道的数量。"水平数"和"垂直数"为建立的平行管道在水平和垂直方向上的数量,"水平偏移"和"垂直偏移"为这组平行管道在水平和垂直方向上相邻管道之间的距离。如图 7.1-3 所示。

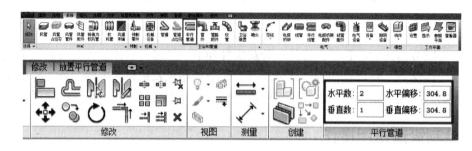

图 7.1-3 平行管道设置

图 7.1-4 绘制平行管道

将上述参数设置完成后,鼠标选择已有的管道,在合适的位置再次单击鼠标,完成平行管道的操作。如图 7.1-4 所示。

3. 继承高程绘制管道

在带坡度管道中部放置支管时,可在修改选项卡的"继承高程"的设置来避免用户人为计算支管的偏移量。单击选定"继承高程"后,接下来绘制的管道将使用鼠标捕捉点的偏移量作为其自身的偏移量进行绘制。具体区别如图 7.1-5 所示。

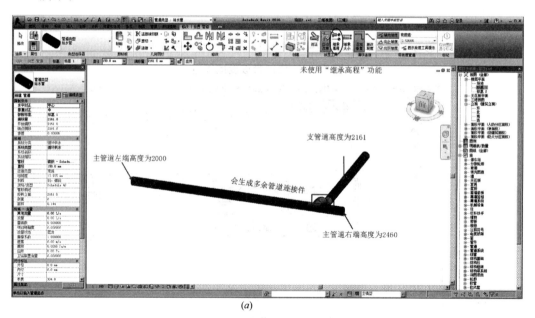

(a)

图 7.1-5 继承高程绘制管道(一)

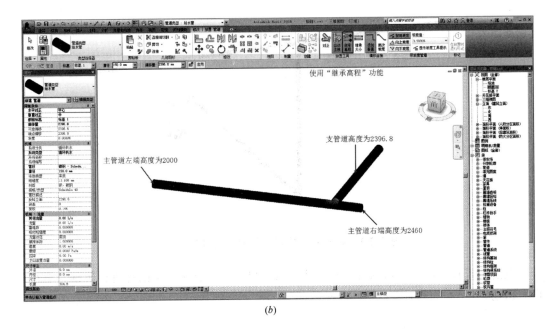

(b)

图 7.1-5 继承高程绘制管道（二）

7.2 创建管路附件、卫浴装置和喷淋

　　管路附件通常指管道系统中应用的各种阀部件，对于管道系统中的管路附件，放置方式与风管附件一致，通常也是采用先将管路附件放置于合适的位置再将管路附件连接到主管道上的建模方式。如图 7.2-1 所示。

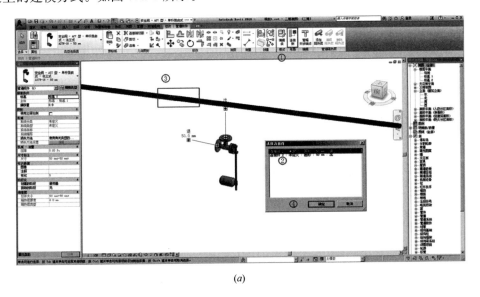

(a)

图 7.2-1 将管路附件与主管道进行连接（一）

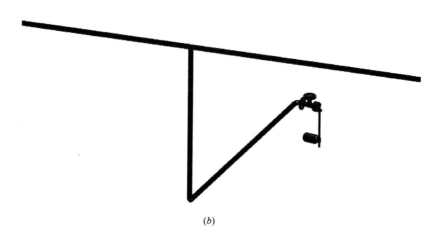

(b)

图 7.2-1 将管路附件与主管道进行连接（二）

卫浴装置和喷淋与管道附件放置方式一致，可参照风管和管道附件进行仿制。不在此再次描述。

第八章 电气系统模块

电气系统，通常指的是建筑中的电缆桥架、线管和一些电气设备，而配件也主要指的是用于桥架或线管的连接件。

8.1 创建电缆桥架

Revit软件中的电缆桥架分为槽式和梯级式。针对不同的结构，软件配置了不同的连接件供用户载入调用。

在Revit中，电气专业与其他机电专业不同，没有系统类型的设置，需要通过设置桥架的类型名称来区别各功能的桥架。要新建桥架类型，可以选择"系统"中的"电缆桥架"命令，在属性栏类型下拉栏中选择一已有的类型，复制加重命名以新建桥架类型。如图8.1-1所示。

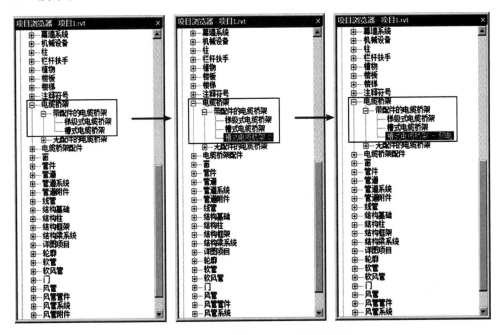

图8.1-1 复制并重命名电缆桥架类型

要将新建的弱电桥架的管件也设为"弱电"，则要在"项目浏览器"的"族"目录中，找到"电缆桥架配件"，将其中有关于槽式电缆桥架的配件都由"标准"复制一个"弱电"，如图8.1-2所示。

设置好后，再返回到"槽式电缆桥架－弱电"的类型属性框中，"管件"一栏的配件下拉框中都会出现"消防"选项，依次选中替换原来的"标准"。这样，弱电桥架就新建好了。

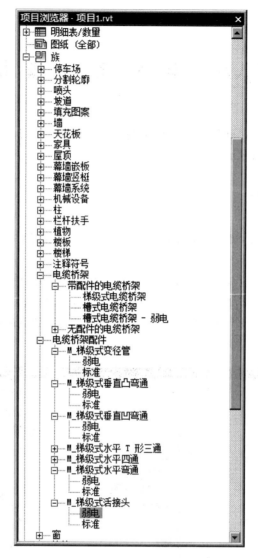

图 8.1-2　添加弱电桥架配件类型

8.1.1　绘制水平桥架

1. 单击"电缆桥架"命令后，平面视图中单击鼠标左键选择桥架的起始点，然后沿着桥架的方向绘制，再次单击鼠标确定桥架终点位置，结束命令之后一段水平桥架就绘制好了，如图 8.1-3 所示。

2. 绘制桥架遇到要添加三通或四通的情况时，可在创建桥架的操作下将鼠标放置在需要添加三通的桥架的中心线位置，并维持"放置工具"面板中的"自动连接"是默认选中状态。在捕捉到的中心线上单击鼠标，然后将鼠标移到桥架桥架的终点再次单击，即可完成桥架的绘制，同时系统会在两根桥架连接处自动添加三通，如图 8.1-4 和图 8.1-5 所示。

如绘制完三通后还需增加桥架，可选中三通，单击三通上面的"＋"则可将三通变为四通，如图 8.1-6 所示。（注：如需将四通变为三通则可单击四通上方的"－"号）。

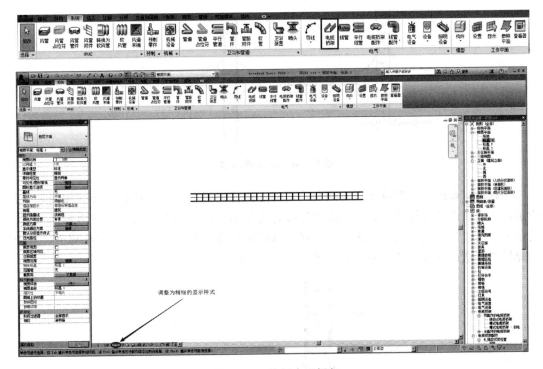

图 8.1-3 绘制水平桥架

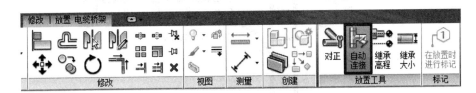

图 8.1-4 默认选中自动连接

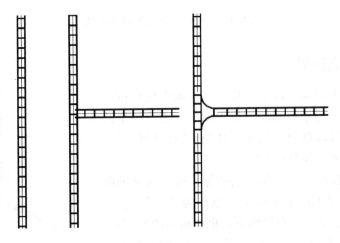

图 8.1-5 添加桥架和三通

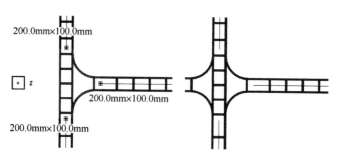

图 8.1-6　三通变四通

在软件自带的管件的族上设有绘制桥架的连接件，可直接用于绘制桥架。如图 8.1-7 所示，选中桥架的连接件，在管件没有连接着桥架的开放一端会出现一个正方形的节点。将鼠标放置于节点之上点击右键，可选择绘制桥架直接进入到桥架绘制的操作界面，从而创建桥架。通过这种方式创建的桥架可保证与选中的管件相连。

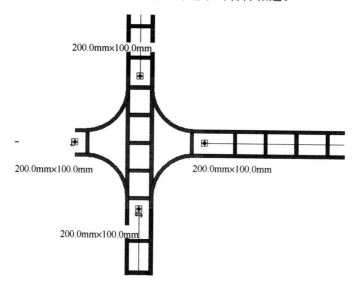

图 8.1-7　通过管件连接创建桥架

8.1.2　绘制竖直桥架

方法一：首先绘制一段水平桥架。在确定此段桥架终点之后，保持在桥架绘制的操作界面下，更改桥架的偏移量，进而继续绘制第二段水平桥架。完成操作后将生成一段 Z 形桥架。如图 8.1-8 所示。

方法二：直接绘制一根单独的桥架。确定桥架的起点偏移量之后，首先点击平面上一点作为桥架的起点，而后保持在绘制桥架的操作界面下，更改桥架的偏移量，最后点击偏移量输入框后的"应用"按钮，即可在平面上桥架起点确定的位置生成一根桥架。如图 8.1-9 所示。

图 8.1-8　绘制 Z 形桥架

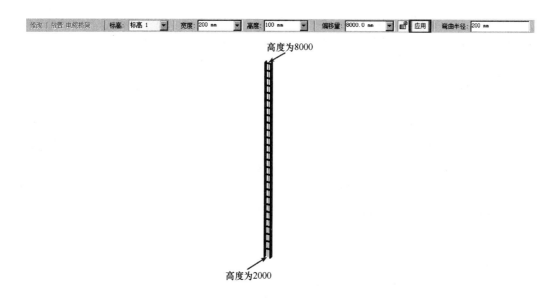

图 8.1-9 绘制垂直桥架

对于线管，软件同样提供给了用户"平行线管"的命令，来处理项目中大量的平行排布的线管。不同于桥架中的"平行桥架"命令，"平行线管"中提供给用户两种方式处理平行线管中的弯头，分别为相同弯曲半径和同心弯曲半径，如图 8.1-10 所示。前者指的是半径的绝对值，后者指的是圆心在同一位置。线管的弯曲半径不能小于所绘制的线管类型的最小半径，否则将使用线管的最小半径。

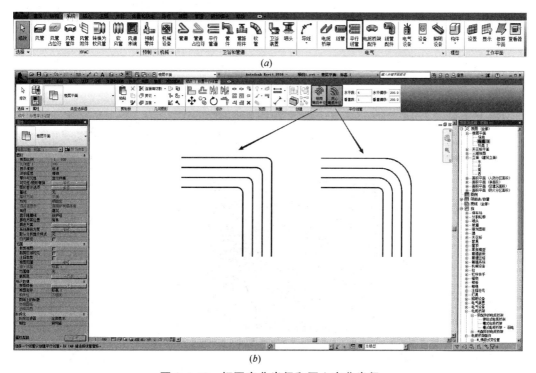

图 8.1-10 相同弯曲半径和同心弯曲半径

线管的弯曲半径和线管中所采用的弯头族有关，有些系统自带的线管弯头族设置为刚性，即没有设置半径的参数驱动，两种平行线管的模式下绘制出的实际效果是相同的。

8.2 创建电气设备

在 Revit 中，配电箱、配电柜、弱电综合箱、综合布线配线架等电气设备都属于可载入族，可用专门的"电气设备"命令放置。若默认的项目样板中没有需要的电气设备族，可以从外部族库中载入，或是利用族样板新建族构件。

以放置应急照明箱和照明配电箱为例，选择功能区"电气设备"命令，在属性栏类型下拉栏内找到对应的族，"应急照明箱"和"照明配电箱-暗装"。可自由设置族类型属性中的参数，如图 8.2-1 所示。

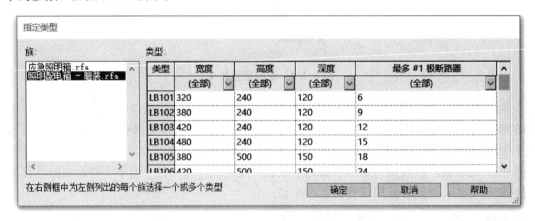

图 8.2-1 选择电气设备族的类型

鼠标在项目中捕捉到相应平面时会预览出箱柜族的放置位置，再次单击鼠标则可将箱柜放置于项目中，如图 8.2-2 所示。

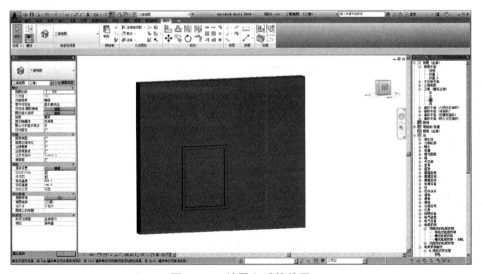

图 8.2-2 放置之后的效果

8.3　创建照明设备

Revit 提供了专门的"照明设备"和"设备"命令用于放置灯具和开关。

照明设备的放置方法与电气设备基本一致，下面以放置单管荧光灯为例进行说明。由于该灯具位于楼层顶部，所以可以到天花板平面图上放置。在绘图区点击放置灯具，放置时注意将功能区"修改"选项卡里的放置命令设置为"放置在面上"，如图 8.3-1 所示。

图 8.3-1　放置灯具放置方式

放置好的灯具如图 8.3-2 所示。

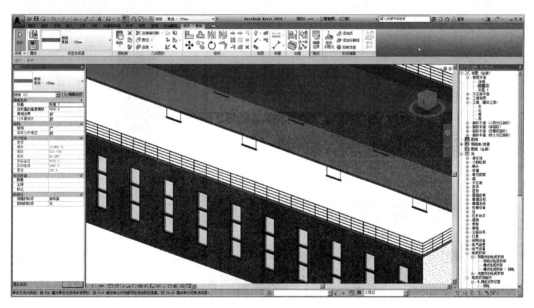

图 8.3-2　完成灯具的放置

选择"系统"面板下的"照明设备"命令，在属性栏下拉栏中选择所需要的开关类型，如图 8.3-3 所示。并选择功能区"修改"选项卡里的"放置在垂直面上"，如图 8.3-4。

在属性栏设置照明开关放置高度，点击附着的墙体，放置完成。如图 8.3-5 所示。

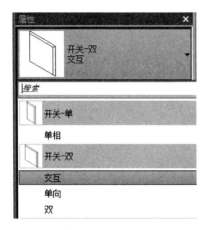

图 8. 3-3 选择照明开关类型

图 8. 3-4 放置照明开关
的方式设置

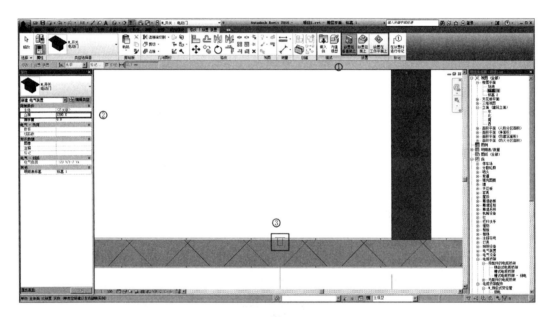

图 8. 3-5 放置照明开关

第九章　族　与　参　数　化

Revit 中的所有图元都是基于族的。"族"是 Revit 中使用的一个功能强大的概念，有助于轻松地管理数据和进行修改。每个族图元能够在其内定义多种类型，根据族创建者的设计，每种类型可以具有不同的尺寸、形状、材质设置或其他参数变量。本章将介绍族的创建和编辑及参数化。

9.1　族的概念

9.1.1　族的定义

在 Revit 中进行建模时，基本的图形单元被称为图元，例如，墙、门、窗、文字、尺寸标注等都被称为图元，所有这些图元在 Revit 中被称为"族"（Family）。可以说"族"是 Revit 的基础。

一个模型文件中所用到的族是随项目文件一同存储的，可通过展开"项目浏览器"中的"族"类别，查看项目中所有使用的族。族还可以保存为独立的".rfa"格式的文件，方便与其他项目共享使用，如"门""家具"等构件。Revit 还提供了族编辑器，可以根据模型要求自主创建、修改所需的族文件。

在 Revit 中，每一个族都有一个或多个类型，而每种类型都可以有多个实例。每一个图元都是类型下的具体实例。因此，Revit 的图元都具有实例和类型两种属性。修改实例属性将仅影响所选择的图元。例如，修改窗的"底高度"时，它仅修改所选择的窗对象。而当修改类型参数"宽度"时，所有该类型窗的实例，都将被自动修改。理解好实例参数与类型参数的区别是掌握 Revit 建模的基础。

9.1.2　族的分类

Revit 中的族有三种形式：系统族、内建族和可载入族。系统族已在 Revit 中预定义且保存在样板和项目中，用于创建项目的基本图元，如墙、楼板、天花板、楼梯等。系统族还包含项目和系统设置，这些设置会影响项目环境，如标高、轴网、图纸和视图等。内建族可以在特定项目中，依照项目模型建立的族，该族不可被其他项目所共享，内建族可以是模型构件，也可以是注释构件。可载入族为由用户自行定义创建的独立保存为".rfa"格式的族文件。Revit 不允许用户创建、复制、修改或删除系统族，但可以复制和修改系统族中的类型，以便创建自定义系统族类型。由于可载入族的高度灵活的自定义特性，因此在使用 Revit 建模时最常创建和修改的族为可载入族。

9.2 族界面介绍

Revit 族界面和其项目界面基本一致，其中选项卡中没有项目文件中的建筑、结构、系统，多了一个创建选项卡，族文件的几何模型和属性信息都是在该面板完成。如图 9.2-1 所示。

图 9.2-1 创建选项卡

Revit 中族文件创建选项卡面板分为两类，第一类为常用建模面板，如图 9.2-2 所示，形状创建有：拉伸、融合、旋转、放样、放样融合和空心形状。第二类为概念设计的体量和自适应族创建的面板，如图 9.2-3 所示，形状创建方式为先建立模型线，之后选中模型线创建形状。

图 9.2-2 第一类创建面板

图 9.2-3 第二类创建面板

图 9.2-4 族类别和族参数命令

族类别和族参数面板（图 9.2-4、图 9.2-5），主要设定所建立族的分类以及在项目文件中构件位置和特性，一旦设定好族类别，该族在项目文件中将享有该类别的所有通用属性，比如，将族类别设定为结构中的结构柱，则该新建族将具有轴网位置信息、添加结构柱添加钢筋等属性。族参数主要设定该新建族在项目文件中与主体的位置关系，是否被自动剪切等属性。

族类型（图 9.2-6），主要设定族文件的几何尺寸参数化以及族相关属性信息和工程信息的添加。这些参数和信息的添加是通过参数属性实现，用户可自定义参数数据的名称、规程、参数类型（图 9.2-7）以及参数分组方式，也可以定义参数属于类型属性还是属于实例属性，这些在建模时都非常重要。

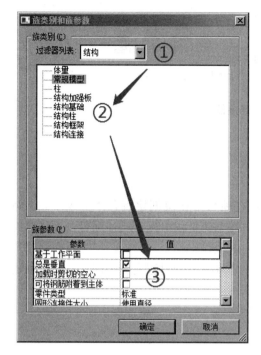

图 9.2-5 族类别和族参数面板

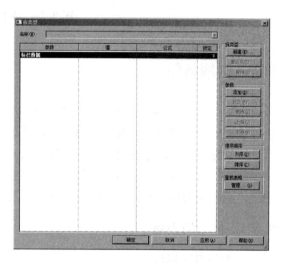

图 9.2-6 族类型

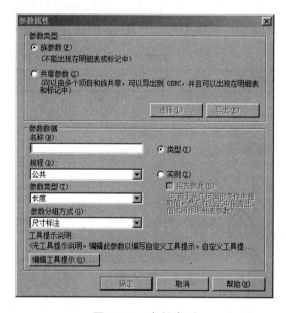

图 9.2-7 参数类型

MEP 连接件（图 9.2-8），主要是获取项目文件中的安装模型的尺寸信息，来驱动族文件中的几何尺寸参数，不许要手动改变族文件中的参数。这样就可以达到参数化快速建模的目的，一旦安装模型尺寸变化，对应的管路上的族也会相应变化。这些连接件是设备族与项目文件间尺寸互通的桥梁。

图 9.2-8 MEP 连接件

9.3 创建体量

Revit 提供了两种创建概念体量模型的方式：在项目中在位创建概念体量或在概念体量族编辑器中创建独立的概念体量族。在位创建的概念体量仅可用于当前项目，而创建的概念体量族文件可以像其他族文件那样载入到不同的项目中。

不论以何种方式创建概念体量模型，创建概念体量模型的过程完全相同。下面以创建独立体量族为例介绍概念体量的创建和修改过程。

9.3.1 体量的创建

1. 创建各种形状

使用"创建形状"工具可以创建两种类型的体量模型对象：实体模型和空心模型。

"创建形状"工具将自动分析所拾取的草图。通过拾取草图形态可以生成拉伸、旋转、扫掠、融合等多种形态的对象。下表中列出了 Revit 中创建概念体量模型的方式。

建模方式 表 9.3-1

拾取内容	生成结果	生成方式	备 注
		拉伸	单一封闭轮廓
		旋转	位于同一平面内的直线和封闭轮廓
		融合放样	路径和所有垂直于路径的多个封闭轮廓
		融合	位于相互平行的不同平面上的 封闭轮廓与或非封闭轮廓

拾取内容	生成结果	生成方式	备　　注
		放样	单一非封闭轮廓线
		旋转	位于同一平面内的曲线和直线
		放样	位于相互平行的不同平面内的非封闭轮廓
		放样融合	路径和所有垂直于路径的封闭轮廓

2. 创建概念体量

进入概念体量族编辑状态后，在"公制体量.rte"族样板中提供了基本标高平面和相互垂直且垂直于标高平面的两个参照平面。这几个面可以理解为空间 X、Y、Z 坐标平面，3 个平面的交点可理解为坐标原点。在创建概念体量时，通过指定轮廓所在平面及距离原点的相对距离定位轮廓线的空间位置。如图 9.3-1 所示。

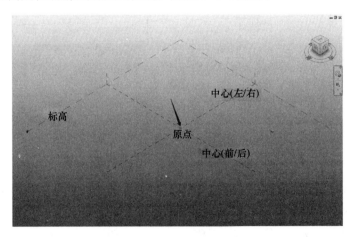

图 9.3-1　概念体量绘图界面

要创建概念体量模型，必须先创建标高、参照平面、参照点等工作平面，再在工作平面上创建草图轮廓，再将草图轮廓转换生成三维概念体量模型。下面以创建简单多边形体为例，创建概念体量模型时的空间定位及建模方法。

（1）将视图切换到东立面创建标高，与标高 1 的距离为 20000mm，按 Esc 两次退出绘制命令，如图 9.3-2 所示。

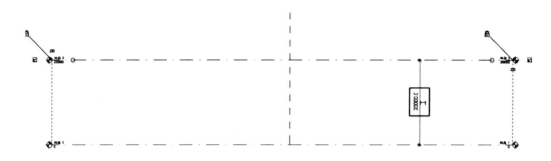

图 9.3-2　创建标高

（2）将视图切换到标高 1→选择创建中绘制面板模型中的"外界多边形"→点选"在面上绘制"→确认放置平面为"标高 1"→边数为"7"→多边形中心为参照面交点→外接多边形半径为"15000mm"→按 Esc 两次退出绘制，如图 9.3-3 所示。

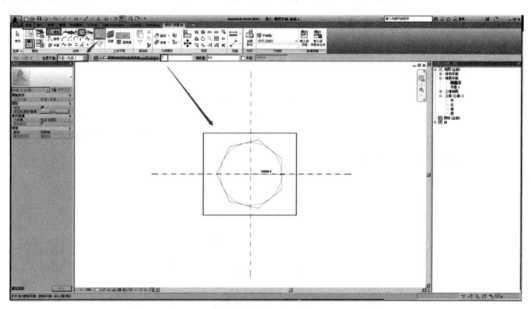

图 9.3-3　标高 1 绘制轮廓

（3）将视图切换到标高 2→选择模型中的"圆形"命令→点选"在面上绘制"→放置平面确认为"标高 2"→圆心为参照面交点→绘制半径为"16000mm"→按 Esc 两次退出绘制，如图 9.3-4 所示。

（4）将视图切换到三维视图→按住 Ctrl 键，点选圆形和多边形→单击"修改｜线"选项中形状面板的"创建形状"命令→选择"实心形状"，如图 9.3-5 所示。

（5）将视图调为"着色"模式，如图 9.3-6 所示。

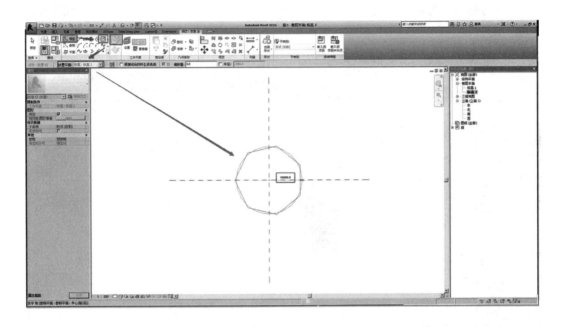

图 9.3-4　标高 2 绘制轮廓

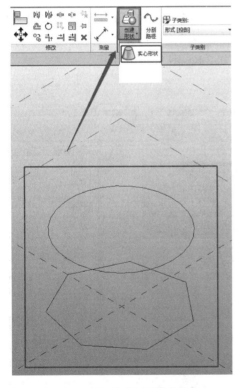

图 9.3-5　创建模型

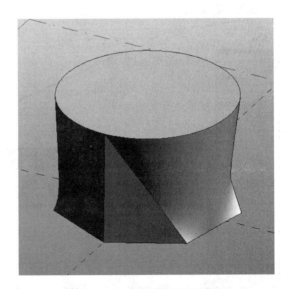

图 9.3-6　着色模式下的模型

（6）将视图切换到东立面→绘制面板选择"平面"中的"直线"→以标高 2 和垂直参

照线交点为起点，与标高 2 成 30°角为方位绘制参照线→按 Esc 两次退出绘制，如图 9.3-7
所示。

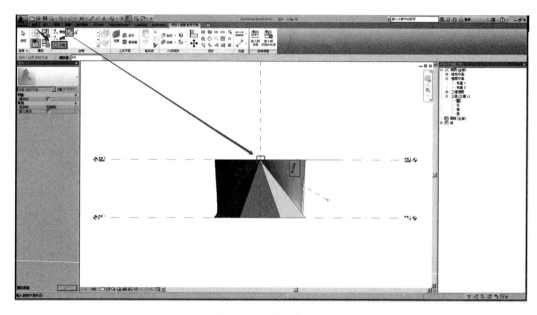

图 9.3-7　绘制参照线

（7）在创建选项菜单的工作平面面板单击"设置"命令→指定新的工作平面选择"拾取一个面"→确定→拾取刚绘制的那个参照平面→转到视图面板选择"三维视图"→打开视图→点击工作平面面板中的"显示"命令，如图 9.3-8～图 9.3-10 所示。

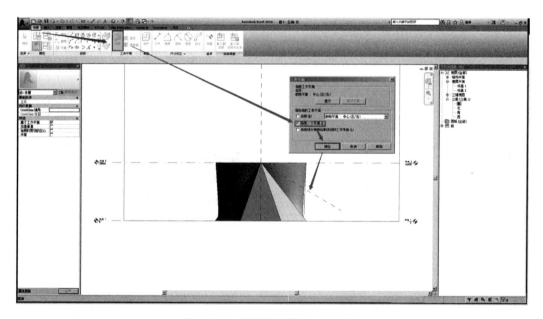

图 9.3-8　设置参照线为工作平面

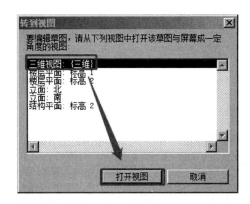

图 9.3-9　转到视图

图 9.3-10　显示工作平面

（8）单击 ViewCube 为"上"→绘制面板选择模型中的"椭圆"命令→选择"在工作面上绘制"→椭圆心放置在模型内即可，半长轴为 8000mm，半短轴为 4000mm→按 Esc 两次退出绘制。如图 9.3-11 所示。

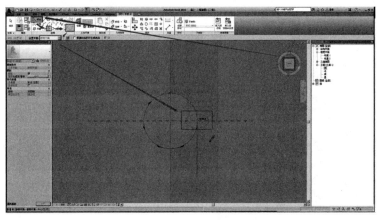

图 9.3-11　绘制椭圆轮廓

（9）旋转视图→点选绘制好的椭圆→创建形状中选择"空心形状"→选择椭圆与模型相交的底面，可对剪切进行移动，完成如图 9.3-12 所示（体量默认空心形状自动剪切实体形状）。

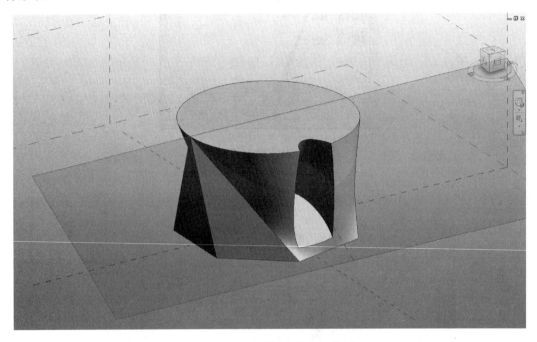

图 9.3-12 创建椭圆为空心模型

（10）为模型添加材质参数，将鼠标移动到模型上（不要点选）→按 Tab 键，当为整个模型时，点选→在属性对话框"材质和装饰"中单击材质后的矩形按钮→在关联族参数中选择"添加参数"→在"参数属性"对话框名称为"材质"，确定→确定关联参数对话框。如图 9.3-13 所示。

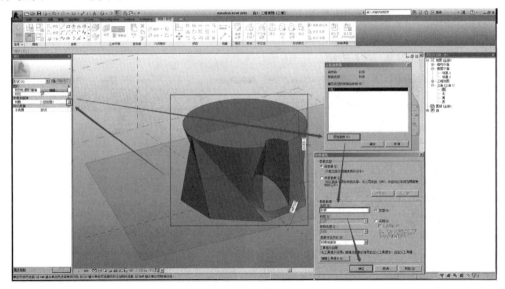

图 9.3-13 为模型添加材质

3. 创建和编辑曲面

创建基本概念体量模型后，可以灵活编辑和修改概念体量模型的点、边和面，从而生成复杂概念体量模型。通过下面的简单案例，介绍如何创建和编辑体量模型。

（1）新建一个概念体量族，如图 9.3-14 所示。

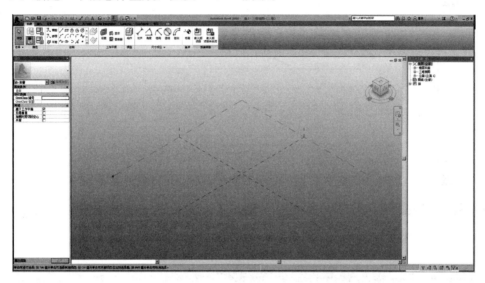

图 9.3-14　体量族

（2）在项目浏览器切换视图到楼层平面"标高 1"→在创建菜单选项选择"平面"绘制如图两个参照面→按 Esc 两次退出该命令→点选测量中"对齐尺寸标注"→从左到右点选"参照面 1""参照面（中心（左/右））""参照面 2"，对其进行尺寸标注并单击"EQ（等分）"→对"参照面 1"和"参照面 2"进行尺寸标注→按 Esc 两次退出该命令→单击该尺寸标注，在选项栏选择标签→在标签中单击"添加参数"→在"参数属性"对话框名称输入"a"，选择为"类型"，确定。如图 9.3-15～图 9.3-17 所示。

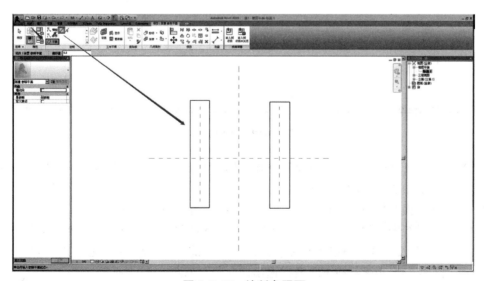

图 9.3-15　绘制参照面

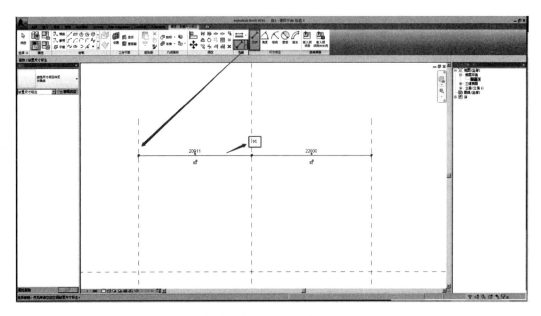

图 9.3-16　等分尺寸标注

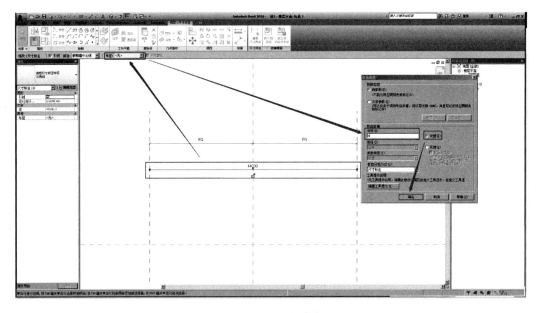

图 9.3-17　添加参数

（3）在工作平面面板单击"设置"→在工作平面对话框点击"拾取一个平面"，确定→单击"参照面中心（左/右）"→在弹出的"转到视图"对话框选择"三维视图"，打开视图→在工作平面面板单击"显示"。如图 9.3-18～图 9.3-20 所示。

（4）在三维视图中的 ViewCube，单击"右"→在创建菜单面板，绘制面板单击模型中的"圆心-端点弧"命令→以标高和参照面中心（前/后）交点为圆心，以 16000mm 为半径从左到右绘制半圆弧→按 Esc 两次退出该命令。如图 9.3-21 所示。

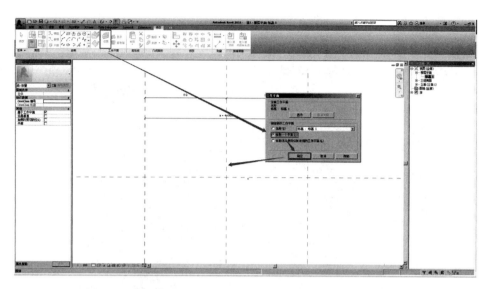

图 9.3-18 设置工作平面

图 9.3-19 转到视图

图 9.3-20 显示工作平面

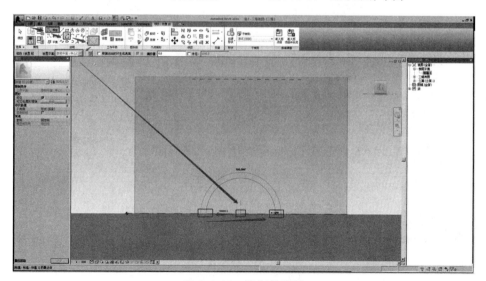

图 9.3-21 绘制轮廓线

（5）将视图旋转到合适的位置→点选绘制的模型线→在"修改｜线"菜单选项的形状面板，单击创建形状，实心。如图 9.3-22 所示。

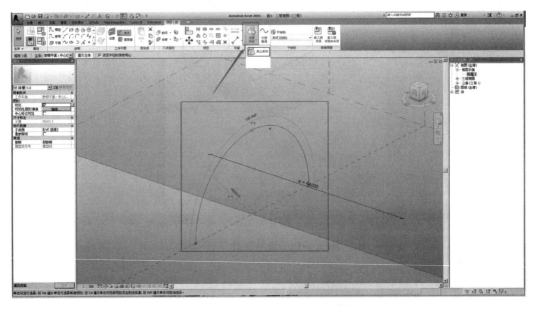

图 9.3-22 创建实体模型

（6）在 ViewCube 中单击"上"→在修改面板选择"对齐"命令→将模型的左右边分别对齐，锁定在两边的参照线上（注意，先点参照面再点模型边线）→按 Esc 两次退出该命令→单击族类型测试参数→将"a"的值改为"35000"→单击"应用"→没有报错，点击确定。如图 9.3-23、图 9.3-24 所示。

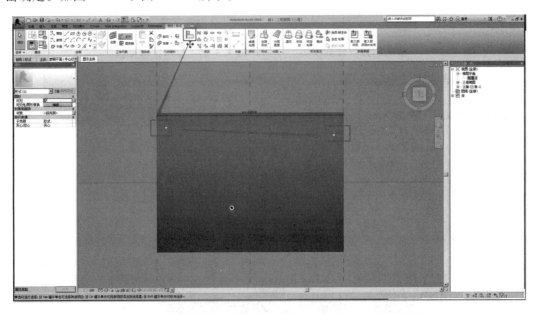

图 9.3-23 锁定模型

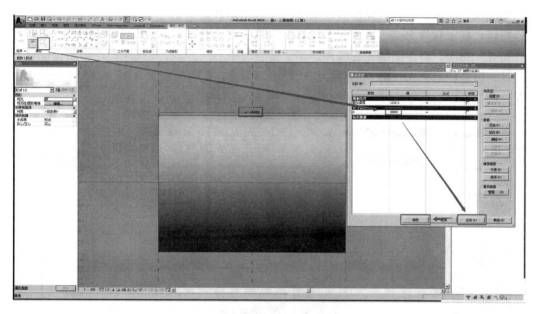

图 9.3-24　参数测试

（7）将鼠标移到模型边线处（不要点选）→按 Tab 键试探选择，当为整个模型时，单击鼠标左键→在"修改｜形式"菜单选项"形状图元"单击"透视"命令，此时可以看到模型的轮廓线。如图 9.3-25 所示。

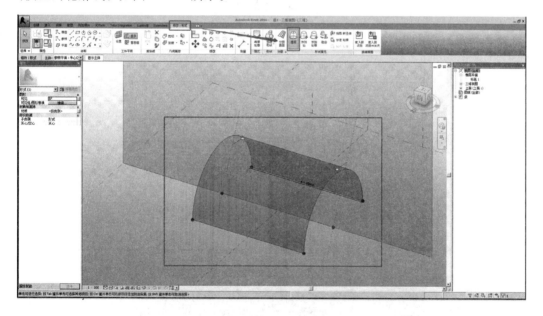

图 9.3-25　透视模型

（8）将视图切换到楼层平面"标高 1"→按"Tab"键选择模型→在"修改｜形式"菜单选项"形状图元"单击"添加轮廓"命令，此时软件会弹出错误"不满足限制条件"，选择删除限制条件（因为添加的新的轮廓线，与初始轮廓线最近，软件会重新定义为"二号"轮廓线，而该"二号"轮廓线在之前已经被锁定在左侧的参照面上，出现位置不符，所以报错，属于软件 Bug，后面我们重新锁定即可）→添加上轮廓线后，选择修改面板中的"对齐"命令，将中间的轮廓线锁定到"参照面中心（左/右）"（注意在中间轮廓线周围晃动，以选择对齐）→将左侧的轮廓线对齐锁定在左侧参照面上→测试模型是否随参数变化，确认无误进行下一步。如图 9.3-26、图 9.3-27 所示。

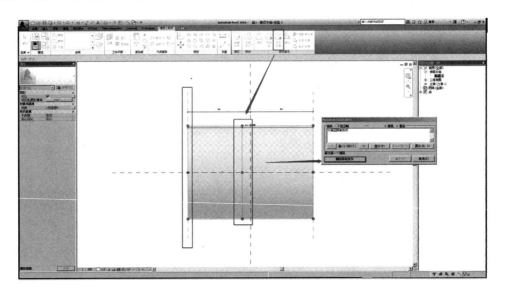

图 9.3-26　添加轮廓

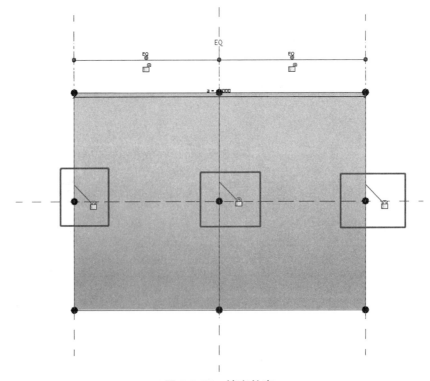

图 9.3-27　锁定轮廓

（9）将视图切换到三维视图→点选中间的轮廓线→将弹出的"临时尺寸"点击图中按钮转换为永久尺寸标注→选中该尺寸标注，在"标签"为其添加名为"r"的"类型"参数→打开"族参数"将"r"值改为"6000"，确定。如图 9.3-28～图 9.3-31 所示。

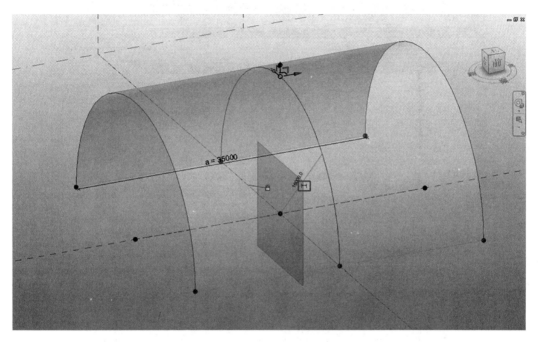

图 9.3-28　尺寸转化

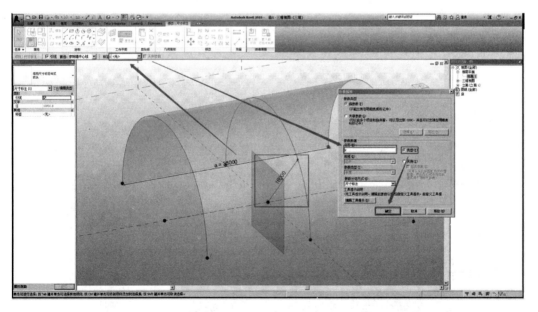

图 9.3-29　半径尺寸标注

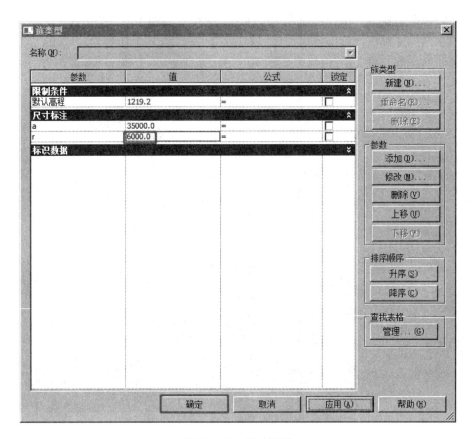

图 9.3-30 尺寸测试

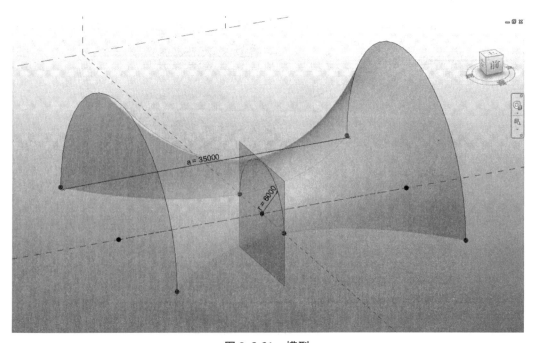

图 9.3-31 模型

（10）将视图切换到"标高 1"→在"绘制"面板选择模型中的"圆形"命令→圆心选择图中端点，半径自定义，绘制圆→同样的操作绘制右侧的圆→按 Esc 两次退出该命令→在"测量"面板选择"径向"为两个圆进行尺寸标注→选择第一个圆的尺寸标注，添加名为"r1"的"类型参数"→选择第二个圆的尺寸标注，添加名为"r2"的"类型参数"→打开"族类型"对话框，将"r1"和"r2"的值均输入为"500"，确定。如图 9.3-32～图9.3-35所示。

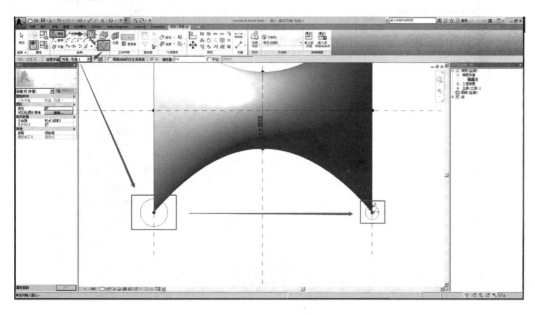

图 9.3-32　绘制轮廓

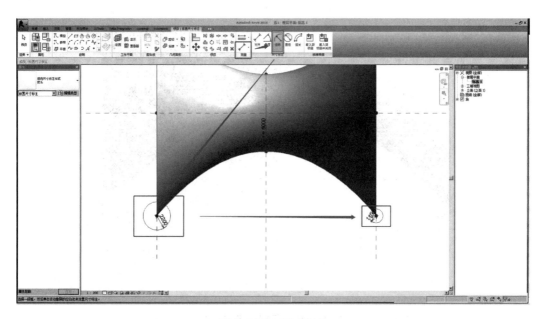

图 9.3-33　尺寸标注

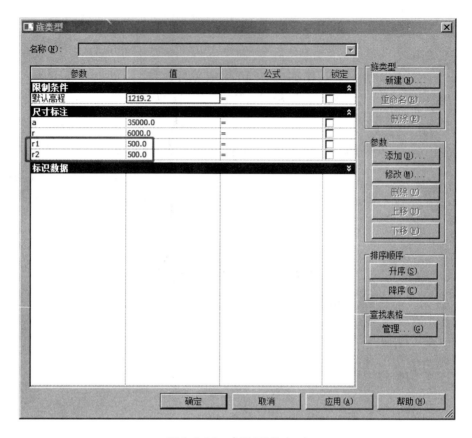

图 9.3-34 参数测试 (一)

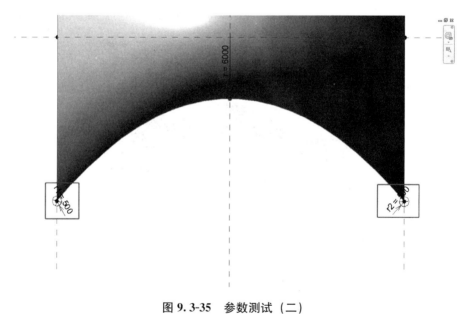

图 9.3-35 参数测试 (二)

（11）将视图切换到三维视图→按住"Ctrl"加选圆和模型外轮廓线→在形状面板选择"创建模型"→同样的操作创建右侧模型→测试改变"r1"和"r2"模型是否参变。如图 9.3-36、图 9.3-37 所示。

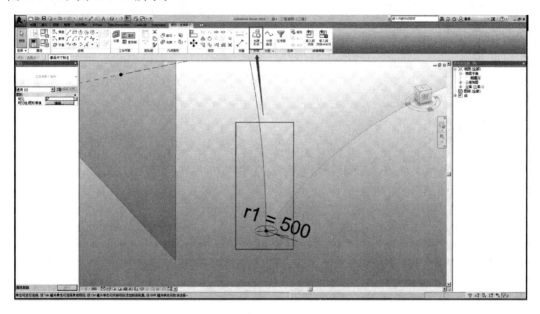

图 9.3-36　创建实体模型

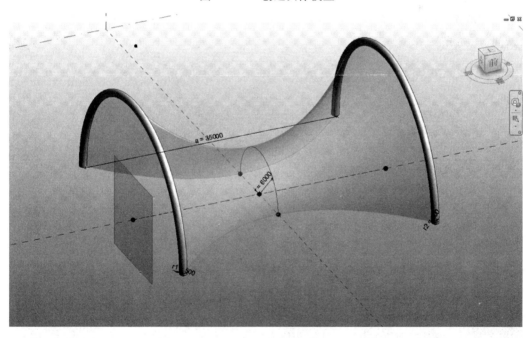

图 9.3-37　模型展示

（12）在绘制面板选择模型中的"矩形"命令→勾选"三维捕捉"和"跟随表面"，投影类型为"跟随表面 UV"→在模型表面绘制该矩形→按 Esc 两次退出该命令。如图 9.3-38所示。

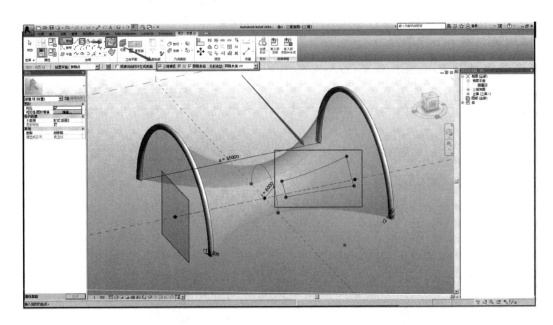

图 9.3-38　绘制矩形轮廓

（13）选中矩形轮廓线→在形状面板选择"创建形状"中的"空心形状"命令。如图 9.3-39 所示。

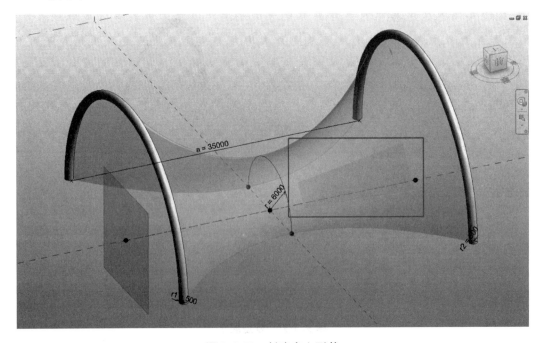

图 9.3-39　创建空心形状

Revit 中点图元分为自由点、驱动点和基于主体的点。自由点是放置在工作平面上的参照点，自由点被选中后会显示三维控件，它可以移动到三维工作空间内的任何位置，并始终保持对其所属平面的参照关系。当使用自由点生成线、曲线或样条曲线时，通常会自动创建驱动点。基于主体的点是放置在现有样条曲线、线、边或表面上的参照点。它们比驱动点小，每一个点都提供自己的工作平面，用以添加垂直于其主体的几何图形。基于主体的点随主体的变更而移动，并且可以沿主体图元移动。每个基于曲线上主体的点，都可以通过调整"属性"面板中的"规格化曲线参数"精确设置该点位于曲线的长度百分比，用于精确指定点在曲线上的位置。

在样条曲线上创建基于主体的点后，选择该点，勾选选项栏中的"生成驱动点"选项，可以将基于主体的点修改为驱动点，通过修改该点进一步修改样条曲线的样式。

在概念体量设计阶段不必过多考虑精确的尺寸关系。更多的是通过拖曳、移动等自由编辑功能修改概念体量的形式，待形式满足设计要求后，再编辑深化、确定精确的体量形状。

4. 第三方模型导入

除直接通过模型线创建概念体量外，还可以在概念体量模式下导入第三方软件创建的三维模型。导入的外部模型同样可用于体量分析、转换生成 Revit 模型等。在创建概念体量模式下，单击"插入"→"导入"→"导入 CAD"，浏览至要导入的模型，设置图形单位即可导入三维模型。

Revit 支持导入的格式有 DWG、DXF 和 SAT 文件中的 ACIS 对象，也可以导入 SketchUp 创建的".skp"格式的模型文件，Revit 支持 SketchUp 5.0 格式的 SKP 文件。无法在 Revit 中编辑和修改导入的外部模型，也无法为导入的模型添加控制参数。当使用 Rhino 或 3ds Max 创建了复杂曲面造型时，必须将其模型另存或导出为 DWG、DXF 或 SAT 格式的 ACIS 对象才能导入 Revit 中。

5. 曲面

在计算机中，有两种方式用于描述曲面：多边形曲面及 NURBS 曲面。多边形曲面也叫 Polygon 曲面或面片曲面，使用多边形（通常为三角形或四边形）的方式描述曲面，常用于渲染、动画与概念设计等领域，例如，椭圆球、立方体等，计算机在处理这些图形时，均使用无数个被细分的多边形构成图形。因为多边形是由一些平坦的三角形构成，所以本身的精度很低。而图形的精度则取决于构成该图形的多边形数量，所以对于多边形曲面，即使是平滑的曲面，其依然是由一些平坦的三角形构成的，例如，对于一幅人脸形状的对象，通常需要数百万个三角形，以满足显示精度的要求。多边形曲面满足大部分计算机图形渲染、动画与游戏产业的要求，但并不能满足涉及造型及设计领域的需求。在设计中常用的 SketchUp、3ds Max 等均使用多边形曲面记录对象。

NURBS 是 Non-Uniform Rational B-Splines（非均匀有理 B 样条曲线）的缩写。NURBS 由 Versprille 在其博士学位论文中提出，1991 年，国际标准化组织（ISO）颁布的工业产品数据交换标准 STEP 中，把 NURBS 作为定义工业产品几何形状的唯一数学方法。使用 NURBS 则可以精确地创建高难度的自由形态的产品，而且能够满足制造所需的精度要求，在构建上，NURBS 更加接近于真实中的平滑曲面，并且可以极为精确地控制曲面质量和形态，常用于工业设计最终模型的构建。几乎所有的 CAD、CAM、CAE 工具都是使用的这种模式，常见的设计工具有 Revit 、Rhino（犀牛）等。因此，在 Revit 体量中导入其他三维工具创建的模型时，推荐导入 Rhino 等 NURBS 曲面工具创建的曲面，方便后期在 Revit 中应用。

9.3.2 表面处理

创建完概念体量模型后，可以对概念体量模型中的"面"进行分割，并在分割后的表面中，沿分割网格为概念体量模型指定表面图案，以增强方案表现能力。

下面接上一个案例说明如何进行分割曲面。

（1）点击选择体量族中间面→在"修改｜形式"的分割面板选择"分割表面"命令→在选项栏 U 网格和 V 网格分别输入"20"→鼠标单击一下空白的地方。如图 9.3-40、图 9.3-41 所示。

图 9.3-40 分割表面命令

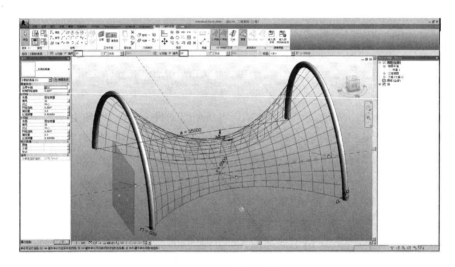

图 9.3-41 表面分割

（2）选中中间的网格→在属性对话框下拉三角，选择"矩形棋盘"。

（3）完成绘制，如图 9.3-42、图 9.3-43 所示。

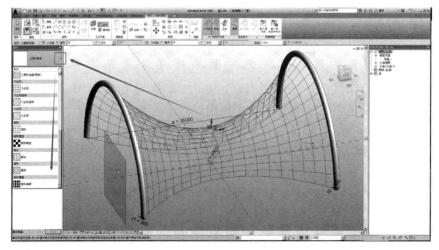

图 9.3-42 添加嵌板

图 9.3-43 模型展示

Revit 提供了 4 种用于指定等分分割的"布局",即固定数量、固定距离、最大距离和最小距离。"测量类型"用于确定等分时沿曲线长度等分还是按曲线的弦长进行等分。

除按数量和距离等分曲线外,还可以通过指定参照平面、标高等定位曲面与曲线交点的方式设置特定的等分位置,其操作过程与本节介绍相同。等分曲线后,当修改曲线形状或长度时,Revit 将重新计算曲线等分状态,使之满足等分约束条件。

9.3.3 体量分析

完成概念体量模型后,使用 Revit 提供的体量分析功能,可以快速计算和统计概念体量的楼层面积、总建筑面积等设计信息。可以使用 Revit 的明细表统计功能,以明细表格的方式统计得到当前体量的楼层面积、各楼层周长、外表面积等信息。下面以案例说明该操作流程。

(1)以建筑样板新建一个项目→双击东立面,创建 6 个标高,间距"4000mm"(可通过阵列,需要在"视图"的"平面视图"中的"楼层平面"显示阵列的标高平面)→在项目浏览器,双击楼层平面"标高 1"→在"体量与场地"菜单选项的概念体量面板选择"内建体量"命令→在弹出的对话框命名为"体量 1",确定→创建菜单选项的绘制面板点击模型中的"矩形"命令,"在面上绘制",绘制一个长"15000"、宽"7400"的矩形→选中该矩形框→在形状面板选择"创建形状"中的"实体形状"命令。如图 9.3-44~图 9.3-47 所示。

图 9.3-44 创建标高

图 9.3-45 创建体量

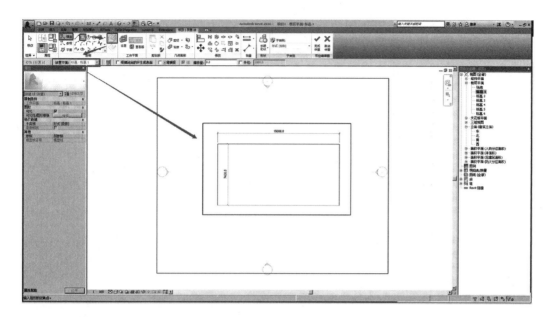

图 9.3-46　绘制轮廓

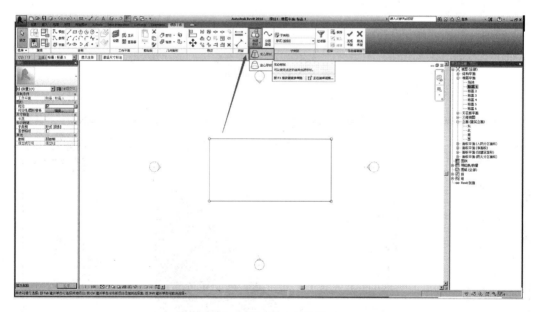

图 9.3-47　创建实体模型

（2）将视图切换至"东立面"→选择模型上轮廓线，出现垂直的箭头，将箭头拖至
"标高 6"→出现锁头，锁定→勾选"完成体量"。如图 9.3-48 所示。

（3）将视图切换到三维→选中整个模型→在"修改 | 体量"菜单选项中模型面板单击
"体量楼层"命令→在弹出的"体量楼层"对话框，勾选所有标高，确定。如图 9.3-49、
图 9.3-50 所示。

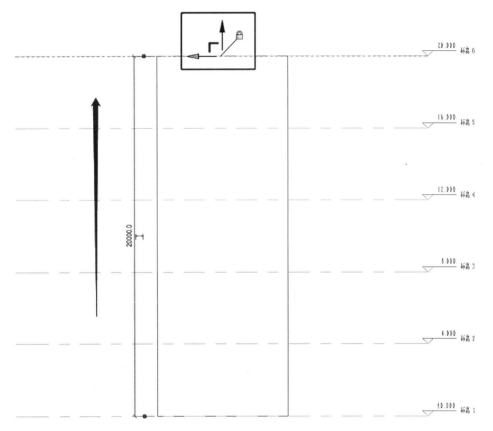

图 9.3-48 轮廓锁定

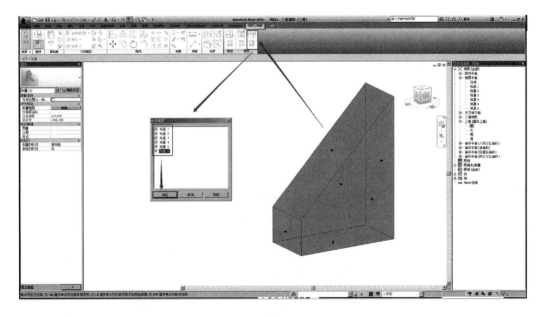

图 9.3-49 创建楼层

（4）在"体量与场地"菜单选项的"面模型"面板中的"楼板"命令→在属性对话框确认楼板为"常规－150mm"→点选模型中的 5 个平面→选择"修改｜放置面楼板"菜单选项的多重选择面板中的"创建楼板"命令→按 Esc 两次退出当前命令。如图 9.3-51、图 9.3-52 所示。

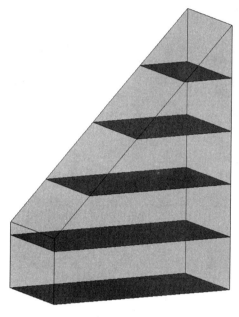

图 9.3-50　模型展示

图 9.3-51　楼板命令

（5）在"体量与场地"菜单选项的"面模型"面板中的"屋顶"命令→在属性对话框确认屋顶为"常规－400mm"→点选模型中的斜面→选择"修改｜放置面楼板"菜单选项的多重选择面板中的"创建屋顶"命令→按 Esc 两次退出当前命令。如图 9.3-53 所示。

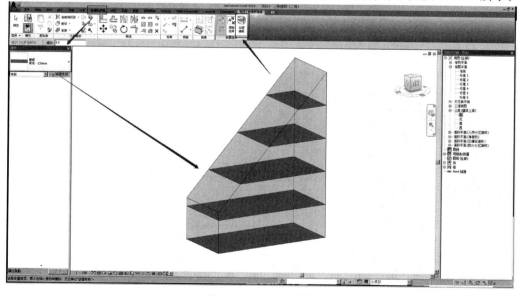

图 9.3-52　创建楼板

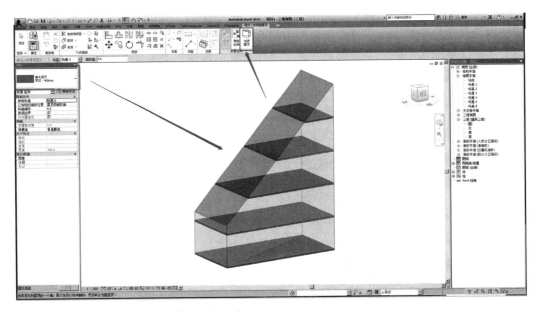

图 9.3-53　创建屋顶

（6）在"体量与场地"菜单选项的"面模型"面板中的"墙"命令→在属性对话框确认墙为"常规－200mm"→点选模型中四周的面→按 Esc 两次退出当前命令。如图 9.3-54所示。

（7）在"视图"菜单选项的创建面板选择明细表中的"明细表/数量"命令→在"新建明细表"对话框，过滤器列表为"建筑"，选择体量中的"体量楼层"，确定→在"明细表属性"对话框字段添加"标高""楼层面积""外表面积"→"排序/成组"选择排序方式为"标高"，升序，勾选"总计"，确定。如图 9.3-55～图 9.3-59 所示。

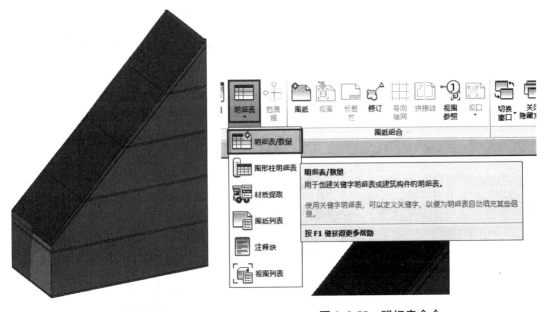

图 9.3-54　创建墙体　　　　　　　　　图 9.3-55　明细表命令

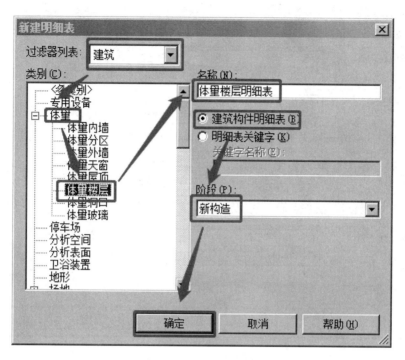

图 9.3-56 创建明细表

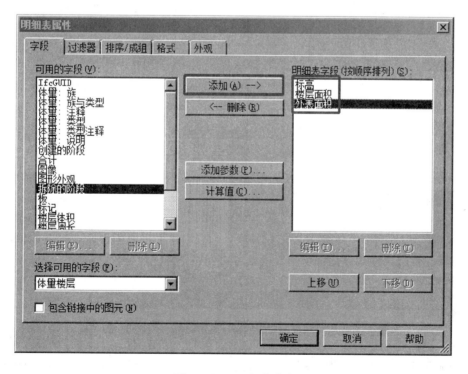

图 9.3-57 明细表字段

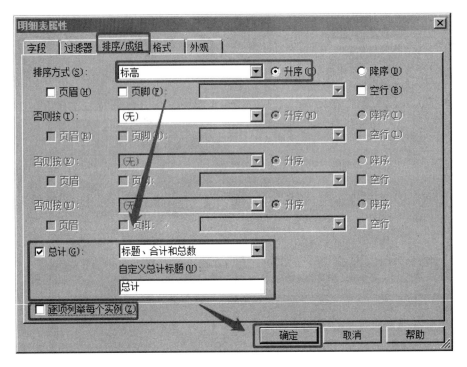

图 9.3-58　明细表排序

<体量楼层明细表>		
A	B	C
标高	楼层面积	外表面积
标高 1	112.50	180.00
标高 2	112.50	180.32
标高 3	90.00	152.43
标高 4	60.00	120.43
标高 5	30.00	88.43
总计: 5		

图 9.3-59　明细表

利用体量分析可以快速统计出方案设计中所需的设计信息；也可以为体量模型开启日光和阴影研究等分析功能，进一步研究各体量间的阴影和遮挡关系。Revit 还允许用户在完成体量楼层分析后，通过基于"云"的运算方式，完成对概念体量的能耗、采光等在内的绿色分析，帮助建筑师在概念设计阶段，可以更好地优化设计方案，真正实现绿色、节能、低碳的建筑设计方案。

9.4　创建注释族

注释类型族，是 Revit 非常重要的一种族，它可以自动提取模型族中的参数值，自动创建构件标记注释。使用"注释"类族模板可以创建各种注释类族，例如，门标记、材质标记、轴网标头等。

9.4.1　门标记族

使用"公制门标记.rft"族样板，可以创建任何形式的门标记。下面以创建门标记族为例，说明创建标记族的一般过程。该门标记读取门对象类型参数中的"类型标记"参数值。

（1）选择新建族，注释文件夹中的"公制门标记"，打开（图中正交的参照平面的交

点就是标签放置的坐标原点）→在创建菜单选项文字面板选择"标签"命令→点击绘图区
→在弹出的"编辑标签"对话框选择"类别参数"为"类型标记",确定→按 Esc 两次退
出当前命令→选中放置的文字,在属性对话框单击编辑类型→在"类型属性"对话框复制
一个类型命名为"3.5mm",将颜色改为蓝色,背景改为"透明",文字字体为"宋体",
文字大小"3.5mm",确定。如图 9.4-1～图 9.4-4 所示。

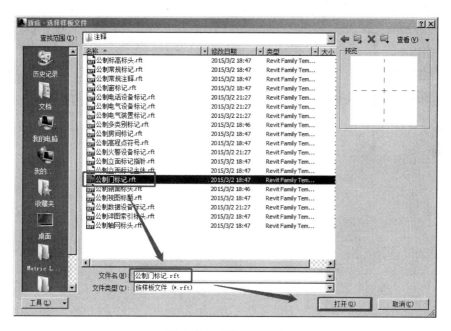

图 9.4-1 新建标记族

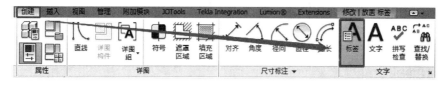

图 9.4-2 标签命令

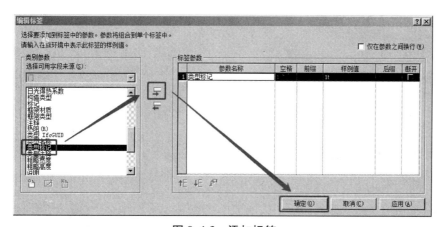

图 9.4-3 添加标签

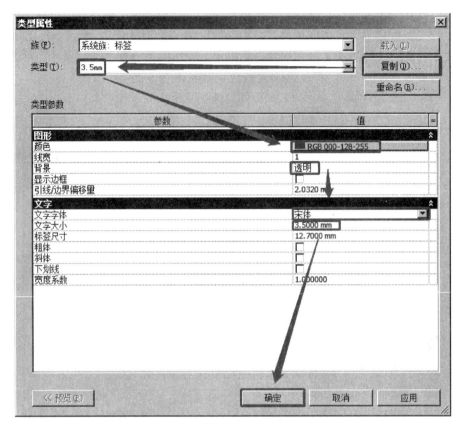

图 9.4-4 标签类型属性设置

（2）在属性对话框→将垂直对齐均改为"中部"，将水平对齐改为"中心线"→将文字平移到交叉线中心位置→确认"族类型和族参数"对话框的族类别为"门标记"。如图 9.4-5、图 9.4-6 所示。

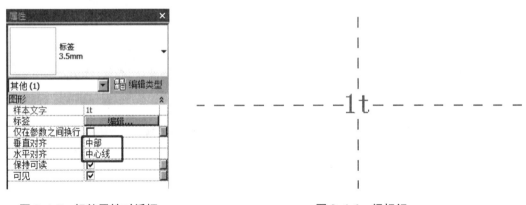

图 9.4-5　标签属性对话框

图 9.4-6　门标记

（3）新建一个基于建筑样本的项目→绘制一段墙并放置门。

（4）将视图切换到新建的门标记族→选择"族编辑器"面板中"载入到项目"载入到新建的项目中→在"注释"菜单选项标记面板点击"按类别标记"命令→选择门，进行标记→按 Esc 两次退出当前命令。如图 9.4-7、图 9.4-8 所示。

图 9.4-7　载入到项目

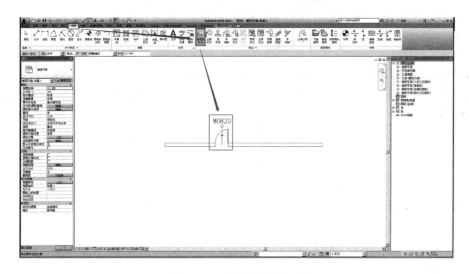

图 9.4-8　标记项目中的门

9.4.2　创建符号族

在生成图纸的过程中，需要使用大量的注释符号以满足二维出图的要求。例如，指北

针、可任意书写坡度值的坡度符号、可任意书写标高值的标高符号等。Revit 提供了注释符号族样板，用于创建这类注释符号族。下面以坡度符号为例，说明如何创建符号族。

（1）以"公制常规注释 .rft"为族样板，新建注释符号标记族。注意在该族样板中除提供正交的参照平面外，还以红字给出该族样板的使用说明。选择该红色文字，按键盘 Delete 键删除。

（2）打开"族类别和族参数"对话框，如图 9.4-9 所示，确认当前族类别为"常规注释"，不勾选"族参数"列表中的"随构件旋转""使文字可读"和"共享"选项，单击"确定"按钮，退出"族类别和族参数"对话框。

（3）使用线工具，设置线样式为"常规注释"，以参照平面交点为起点，向右绘制长度为

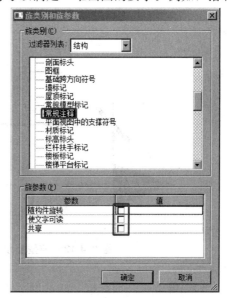

图 9.4-9　组类型与族参数

图 9.4-10　填充区域命令

15mm 的直线。使用区域填充工具（图 9.4-10），设置填充区域边界线样式为"＜不可见线＞"，填充类型为"实体填充"，按图 9.4-11、图 9.4-12 所示的尺寸绘制封闭箭头区域。

（4）使用"标签"工具（图 9.4-13），复制出名称为 3.5mm 的新标签类型，设置标签文字"颜色"为"蓝色"，"文字字体"为"仿宋"，"文字大小"为 3.5mm。移动鼠标指针至直线中间位置空白处单击鼠标左键，弹出"编辑标签"对话框。由于该类型的图元没有任何可用的公共参数，因此"类别参数"列表中未显示任何参数名称。

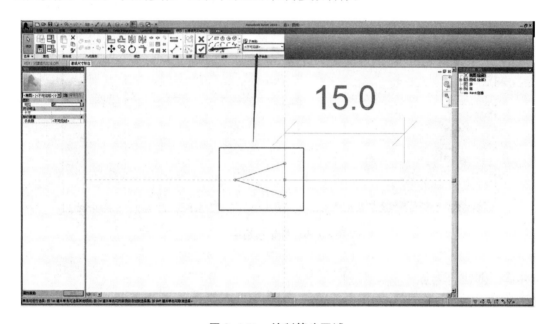

图 9.4-11　绘制箭头区域

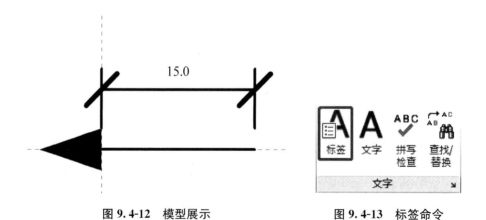

图 9.4-12　模型展示　　　　　图 9.4-13　标签命令

（5）单击"类别参数"底部的"添加参数"按钮，打开"参数属性"对话框。如图 9.4-14 所示，输入参数名称为"坡度值"，修改"参数类型"为"坡度"，参数的类别为

"实例","参数分组方式"为"文字",完成后单击"确定"按钮,退出"参数属性"对话框,返回"编辑标签"对话框。

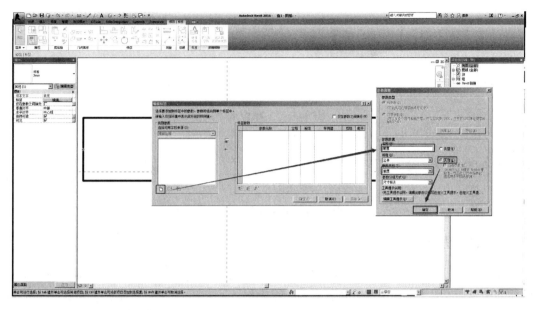

图 9.4-14 添加参数

(6)如图 9.4-15 所示,将上一步中创建的"坡度值"参数添加到右侧"标签参数"列表中,单击"编辑参数的单位格式"按钮,弹出"坡度值"参数的格式对话框。注意该参数默认为"使用项目设置",即在项目中使用该参数时,值的显示方式将按项目单位设置。模型展示如图 9.4-16 所示。

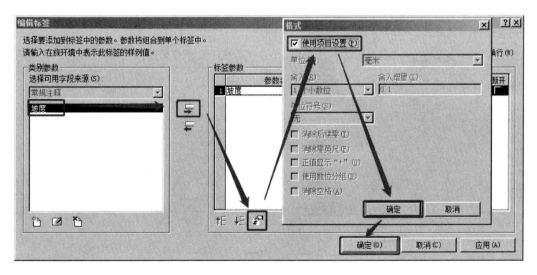

图 9.4-15 单位格式设置

使用类似的方式,还可以创建指北针、图集索引号、多层标高符号等多种注释符号,在此不再赘述,请读者自行尝试。

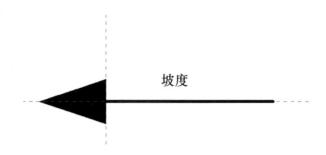

图 9.4-16　模型展示

9.5　创建实体族

除创建注释符号族外，使用模型族样板可以创建各类模型族。

9.5.1　建模方式

在族编辑器中，可以创建两种形式的模型：实心形式和空心形式。空心形式用于从实体模型中抠减空心形式。Revit 分别为实心建模形式和空心建模形式提供了 5 种不同的建模方式，分别是拉伸、融合、旋转、放样和放样融合，通过绘制草图轮廓并配合这 5 种建模工具可以生成各种不同的模型。其功能如表 9.5-1 所示。

建模方式 表 9.5-1

建模方式	草图轮廓	模型形式	说明
拉伸			是指定的拉伸轮廓草图，拉伸指定的高度后生成模型
融合			允许用户指定模型不同的底部形状和顶部形状，并指定模型的高度，Revit 在两个不同的截面形状间融合生成模型
旋转			用户指定的封闭轮廓，绕旋转轴旋转指定角度后生成模型
放样			用户指定路径，在垂直于指定路径的面上绘制封闭轮廓，封闭轮廓沿路径从头走到尾生成模型
融合放样			结合了放样和融合模型的特点，用户指定放样路径，并分别给路径起点与终点指定不同的截面轮廓形状，两截面沿路径自动融合生成模型

无论使用哪种建模方式，均必须首先在指定的工作平面上绘制二维草图轮廓，然后Revit 再根据二维草图轮廓生成三维实体。虽然族中的模型的创建方式与生成的体量模型非常相似，但二者使用方式完全不同，请读者仔细体会其中的差异。

使用"修改"选项卡"编辑几何图形"面板中的"剪切几何图形"和"连接几何图形"工具可以指定几何图形间剪切和连接的关系。图 9.5-1、图 9.5-2 所示为使用实心拉伸与空心拉伸并剪切几何图形后形成的三维形状。

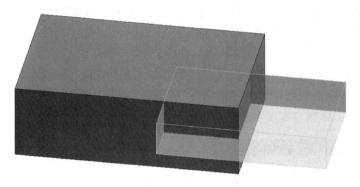

图 9.5-1　实体和空心模型

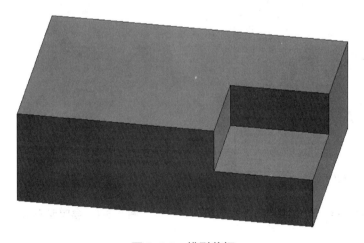

图 9.5-2　模型剪切

9.5.2　创建矩形结构柱

接下来以创建矩形结构柱族为例，说明如何创建模型族。与注释族类似，要创建指定类别的族，必须选择合适的族样板。

(1) 启动 Revit，单击"应用程序菜单"按钮，选择"新建→族"选项，打开"新族-选择样板文件"对话框。选择"公制结构柱 . rft"族样板文件，单击"打开"按钮，进入族编辑器，默认将进入"低于参照标高楼层平面视图"（应注意，Revit 还提供了"公制柱 . rft"族样板文件，该样板用于创建建筑柱）。

(2) 不选择任何对象，注意"属性"面板中显示当前族的族参数特性。不勾选"在平面视图中显示族的预剪切"选项，该选项决定所创建的结构柱族在楼层平面中显示时是按族中预设的楼层平面剖切位置显示结构柱截面，还是按项目中实际的楼层平面视图截面位置显示结构柱截面。不勾选该选项，表示按项目中的实际视图截面位置显示结构柱剖切截面。不修改其他任何参数，单击"应用"按钮应用该设置，如图 9.5-3 所示（"属性"面板在族编辑器中默认显示为当前族类别的族参数属性；不同类别的族参数有所不同；该面板中的内容与"族类别和族参数"对话框"族参数"列表中的内容相同）。

（3）确认当前视图为"低于参照标高"楼层平面视图，图 9.5-4 所示为公制结构柱族样板中提供的信息。如图 9.5-4 所示，参照平面 A、B 分别代表结构柱左右和前后方向的中心线位置，参照平面 A 与参照平面 B 的交点位置代表结构柱的插入定位点。参照平面 A1、A2 的位置代表结构柱宽度方向的边界位置，参照平面 B1、B2 的位置代表结构柱深度方向的边界位置。在族样板中，默认已经为各参照平面标注了尺寸标注，且使用了等分约束，将约束代表中心位置的参照平面 A 和参照平面 B，并为参照平面 A1 和 A2、B1 和 B2 的尺寸标注加了标签"宽度"和"深度"，这些标签称为族参数。

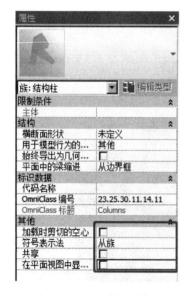

图 9.5-3　属性对话框

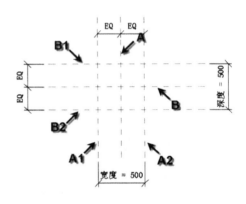

图 9.5-4　参照面介绍

选择参照平面，可以在"属性"面板中查看各参照平面的"名称"及"是参照"选项中的作用。"是参照"代表在项目中使用该结构柱时，尺寸标注可以捕捉到所有"是参照"的参照平面位置。如果不希望尺寸标注捕捉到参照平面，可以将"是参照"中的选项设置为"无"。

（4）如图 9.5-5 所示，单击"属性"面板中的"族类型"工具，打开"族类型"对话框。在族编辑器中结束操作后，默认将返回"修改"选项卡中。可以在 Revit"选项"对话框"用户界面"选项卡中修改族编辑器中的默认工具选项卡位置。

图 9.5-5　族参数命令

（5）如图 9.5-6 所示，在"族类型"对话框中显示当前族中所有可用的族控制参数。修改"深度"值为 500，单击"应用"按钮，注意视图中标签名称为"深度"的尺寸标注值被修改为 500，同时该尺寸标注所关联的 B1、B2 参照平面位置也随尺寸值的变化而移动。由于使用了等分约束，参照平面 B 将与参照平面 B1、B2 保持等分关系。分别修改"深度"和"宽度"值为任意其他值，观察各参照平面的位置变化。

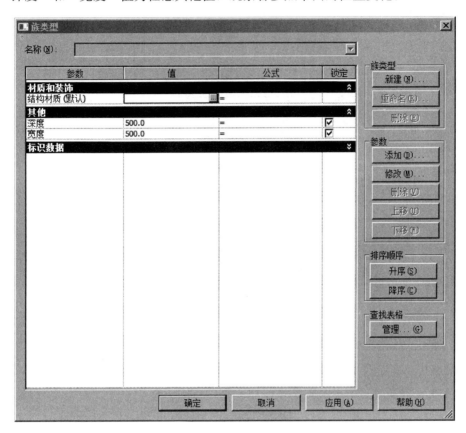

图 9.5-6　族类型界面

（6）如图 9.5-7 所示，在"常用"选项卡的"形状"面板中单击"拉伸"工具，进入"修改｜创建拉伸"选项卡。

（7）单击"工作平面"面板中的"设置工作平面"工具，弹出"工作平面"对话框，如图 9.5-8 所示，注意当前工作平面为"标高：低于参照标高"，即当前视图所在的标高平面，不修改任何参数，单击"确定"

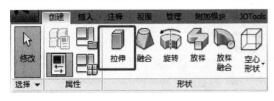

图 9.5-7　拉伸命令

图 9.5-8　工作平面设定

按钮，退出"工作平面"对话框。

（8）使用"矩形"绘制方式，如图 9.5-9 所示，分别捕捉参照平面的交点作为矩形的对角线顶点，沿参照平面绘制矩形（不要使用"常用"选项卡"模型"面板中的"模型线"工具绘制矩形，该矩形无法生成拉伸形状）。

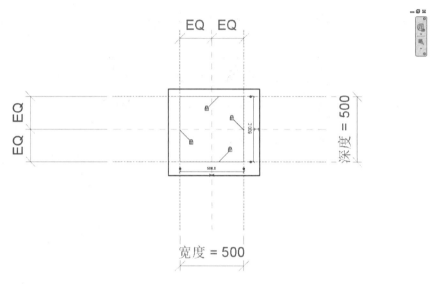

图 9.5-9　绘制矩形轮廓并锁定

（9）打开"族类型"对话框，分别修改"深度"和"宽度"值，注意所绘制的轮廓线将随参照平面位置的变化而自动变化。完成后单击"确定"按钮，退出"族类型"对话框。

（10）单击"完成编辑模式"按钮，完成拉伸草图。切换至默认三维视图，Revit 已经生成了三维立方体，如图 9.5-10 所示。再次打开"族类型"对话框，修改"深度"和

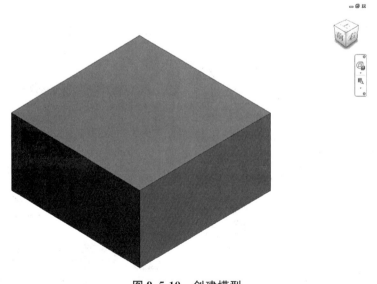

图 9.5-10　创建模型

"宽度"值，注意立方体的宽度和深度将随参数的变化而变化。每完成一步操作就通过"族类型"对话框修改参数值进行验证，可以避免族在使用时出现不可预知的问题。

（11）选择拉伸立方体，"属性"面板中给出所选择拉伸的工作平面、拉伸起点、拉伸终点的位置等信息，其中拉伸终点值、拉伸起点值为当前拉伸的厚度值，如图 9.5-11 所示。因结构柱高度需根据项目的需要而自动变化，因此需要控制结构柱族的拉伸高度随项目的需要而变化。

（12）切换至前立面视图，如图 9.5-12 所示，选择拉伸立方体，按住并拖动拉伸高度操作夹点直到"高于参照标高"位置松开鼠标左键，出现锁定标记🔓，单击该标记变为锁定标记🔒，锁定拉伸顶面与"高于参照标高"标高平面位置。使用类似的方式锁定拉伸底面与

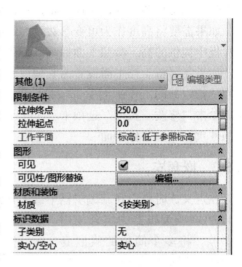

图 9.5-11 拉伸"属性"面板

"低于参照标高"标高平面位置。要在拉伸底部出现锁定符号，可先将拉伸底部拖离低于参照标高的位置，再拖回至低于参照标高的位置即可。

（13）保存该族，输入该族名称为"矩形结构柱.rfa"。新建任意空白项目，载入该族至项目中。在项目中放置结构柱，分别修改结构柱的宽度和深度参数，并修改底部标高和底部偏移、顶部标高和顶部偏移为任意值，注意"矩形结构柱"族已随参数的变化而自动变化。

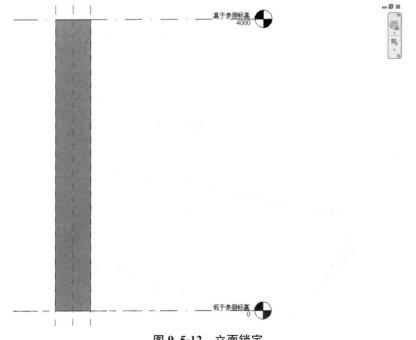

图 9.5-12 立面锁定

在族编辑器中，任何时候均可单击"族编辑器"面板中的"载入到项目中"选项，将当前族编辑器中的族载入至指定项目中。要创建拉伸实体，必须先在指定的工作平面上创建封闭的二维草图轮廓，再通过指定拉伸的"拉伸起点"和"拉伸终点"值确定拉伸的厚度。如果需要将高度作为可变参数，在结构柱样板中，仅需要将拉伸的顶部和底部附着在族样板中提供的高于参照平面标高和低于参照平面标高即可。

如果需要将工作平面设置为其他位置，在绘制拉伸草图时，在"工作平面"对话框中使用"指定新的工作平面"选项拾取新的工作平面即可指定。创建模型后，单击选择模型，单击"修改 | 拉伸"选项卡"工作平面"面板中的"编辑工作平面"工具，可以为拉伸构件重新设置工作平面。

9.5.3 嵌套族

在定义族时可以在族编辑器中载入其他族（包括模型、轮廓、详图构件、注释符号等族），并在族编辑器中组合使用这些族。将多个简单的族嵌套组合在一起形成复杂的族构件称为嵌套族。下面以一个百叶风口为例说明在 Revit 中如何制作嵌套族。

（1）基于"公制常规模型"样板新建百叶风口族，通过拉伸完成如图百叶风口框架模型。如图 9.3-13～图 9.5-15 所示。

（2）基于"公制常规模型"新建百叶族，具体尺寸如图 9.5-16 所示。

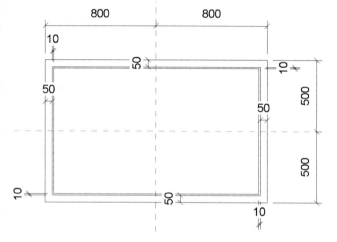

图 9.5-13　风口轮廓尺寸（1）

图 9.5-14　风口轮廓尺寸（2）

图 9.5-15　风口模型

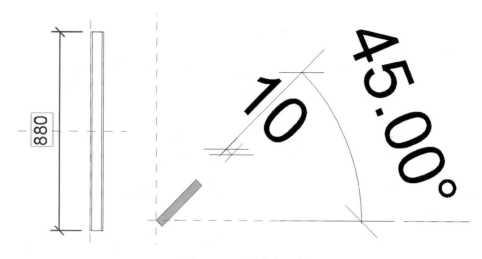

图 9.5-16　百叶族尺寸

（3）将百叶族载入到（1）中的百叶风口族，切换至"参照标高"楼层平面视图，单击"创建"选项卡"模型"面板中"构件"工具，如图 9.5-17 所示，在平面视图中的墙外部位置单击鼠标放置百叶片；使用"对齐"工具，对齐百叶片中心线至窗中心参照平面，单击"锁定"符号，锁定百叶片与窗中心线（左/右）位置。

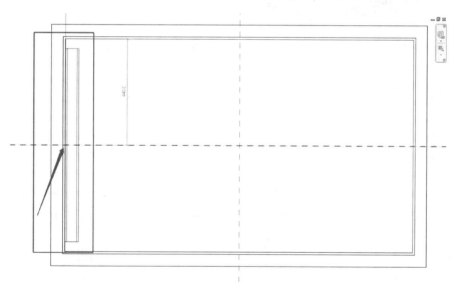

图 9.5-17　放置载入的百叶族

（4）切换至前立面视图。选择百叶片，单击"修改"面板中的"阵列"工具，如图 9.5-18、图 9.5-19 所示，设置选项栏中的阵列方式为"线性"，勾选"成组并关联"选项，设置"移动到"选项为"最后一个"。

| 〰 ⟳ ☑ 成组并关联　项目数: 21 | 移动到: ⊙ 第二个　○ 最后一个　☑ 约束 |

图 9.5-18　阵列设定

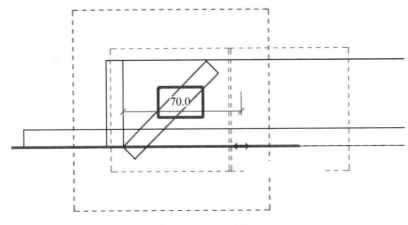

图 9.5-19　阵列间距

图 9.5-20　百叶风口族

（5）保存族文件。如图 9.5-20 所示。

使用嵌套族可以制作各种复杂的族构件。将复杂的构件族简化为一个或多个简单的构件并嵌套使用，可以大大简化族的操作，降低出错的风险。如何简化复杂族，需要大量的实践经验，只有通过大量的实践操作，才能体会其中的关联关系。

9.6　组的参数化

在 Revit 中可以将项目中一个或多个图元成组，组中的图元将作为组实例存储在项目中，修改任意一个组实例时，所有组实例都将自动修改，避免图元重复修改。在项目中创建重复的大量图元时，使用组可以大大提高图元的创建效率。

组可以单独保存为独立的".rvt"格式文件，也可以将独立的项目文件作为组的方式载入到当前项目模型中，例如可以载入几个标准户型项目文件作为组，快速生成项目户型平面。

使用创建组工具可以为项目中的任何图元创建生成组。Revit 的组包括两种类型，模型组和详图组。模型组的全部图元都是由模型图元组成，而详图组则由尺寸标注、门窗标记、文字等注释类图元组成。

第十章 标 注 与 标 记

在 Revit 中完成项目视图设置后，可以在视图中添加尺寸标注、高程点、文字、符号等注释信息，进一步完成施工图设计中需要的注释内容。

10.1 标注的创建和编辑

10.1.1 使用临时尺寸标注

在 Revit 中选择图元时，Revit 会自动捕捉该图元周围的参照图元，如墙体、轴线等，指示所选图元与参照图元间的距离。可以修改临时尺寸标注的默认捕捉位置，更好地对图元进行定位。通过下面的练习，学习 Revit 中临时尺寸标注的应用及设置。

（1）基于建筑样板新建项目，确认为标高 1 平面视图；

（2）在建筑菜单选项选择墙命令，绘
制一面墙；

（3）在墙上放置一个门，如图 10.1-1
所示；

图 10.1-1 墙和门

（4）选中门，就会出现临时尺寸标注；

（5）临时尺寸标注可以转换为永久尺寸，如图 10.1-2 所示；

（6）临时尺寸也可以控制门窗等构件的位置，如图 10.1-3 所示。

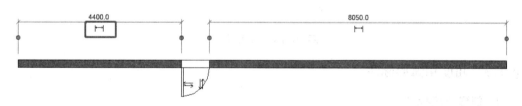

图 10.1-2 临时尺寸转永久尺寸

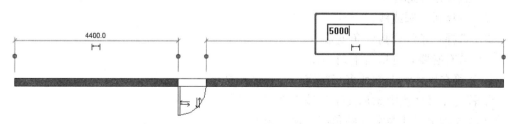

图 10.1-3 临时尺寸控制构件位置

10.1.2 线性标注

Revit 提供了对齐、线性、角度、半径、弧长共 5 种不同形式的尺寸标注，如图 10.1-4 所示。

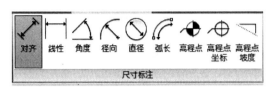

图 10.1-4 尺寸标注

下面以综合楼项目为例，介绍如何在视图中添加尺寸标注。

接上一个案例，选择线性尺寸标注对墙体中的门进行尺寸标注。如图 10.1-5、图 10.1-6 所示。

使用尺寸标注的"EQ"等分约束保持窗图元间自动等分。选择尺寸标注，在尺寸标注下方出现"锁定"标记，单击该标记，可将该段尺寸标注变为锁定状态，将约束该尺寸标注相关联图元对象。

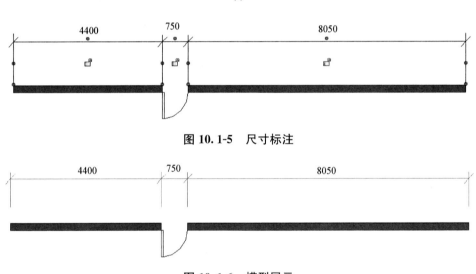

图 10.1-5 尺寸标注

图 10.1-6 模型展示

10.1.3 角度和弧形标注

1. 创建角度标注

可以在图形中放置角度标注，步骤：

（1）选择角度标注工具。

（2）选择弧、圆或线。

（3）选择一条线或指定角度端点。

（4）若有必要，可执行下列操作。

① 若要在尺寸线中添加多行文字：输入多行文字。

② 若要在尺寸线中添加文字：输入文字。

③ 若要指定尺寸线文字的角度：输入角度。

（5）指定尺寸线的位置。效果如图 10.1-7 所示。

2. 创建弧形标注

可以在图形中放置弧形标注，步骤：

（1）选择弧形标注工具。

（2）选择弧或圆。

（3）若有必要，可执行下列操作。

① 若要在尺寸线中添加多行文字：输入多行文字。

② 若要在尺寸线中添加文字：输入文字。

③ 若要指定尺寸线文字的角度：输入角度。

④ 指定尺寸线的位置。效果如图 10.1-8 所示。

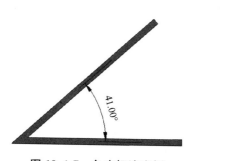

图 10.1-7 角度标注实例

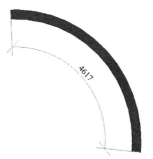

图 10.1-8 弧形标注

10.1.4 高程点标注

接上节练习。切换至标高 2 楼层平面视图，绘制一个楼板。单击"注释"选项卡"尺寸标注"面板中"高程点"工具，自动切换至"高程点"关联选项卡。如图 10.1-9、图 10.1-10 所示。

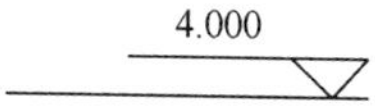

图 10.1-9 高程点标注

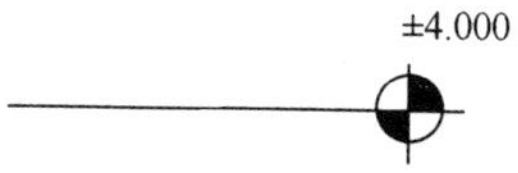

图 10.1-10 模型展示

10.1.5 坡度标注

（1）基于建筑样板新建一个项目，绘制一个坡道，如图 10.1-11 所示。

图 10.1-11 坡道模型

（2）将视图切换到标高 2，在"注释"菜单选项，在尺寸标注面板选择"高程点坡度"命令，放置在该坡道上，如图 10.1-12 所示。

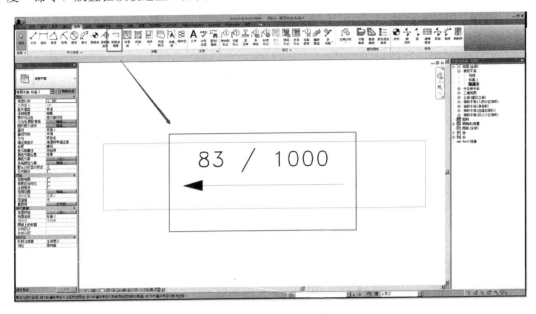

图 10.1-12　坡度标注

（3）选中该坡度标注，打开类别属性对话框，选择单位格式，调整单位格式为"度"，保留小数点后三位，如图 10.1-13 所示。

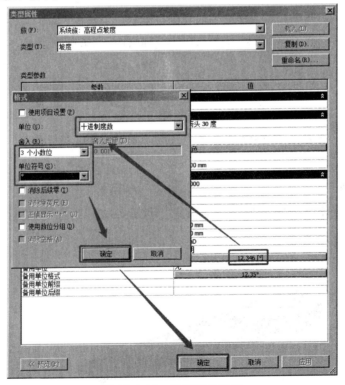

图 10.1-13　坡道单位设置

（4）完成后效果如下。如图 10.1-14 所示。

4.764°

图 10.1-14 模型展示

10.2 标记的创建和编辑

10.2.1 按类别标记

若要根据其类别将标记应用到图元，可使用"按类别标记"工具。在使用该命令之前，需要载入必要标记。例如：如果需要标记窗，需要载入窗标记族。

（1）单击"注释"选项卡，"标记"面板的"按类别标记"命令。在选项栏上，要设置标记的方向，请选择"垂直"或"水平"，放置标记后，可以通过选择标记并按空格键来修改其方向。如图 10.2-1 所示。

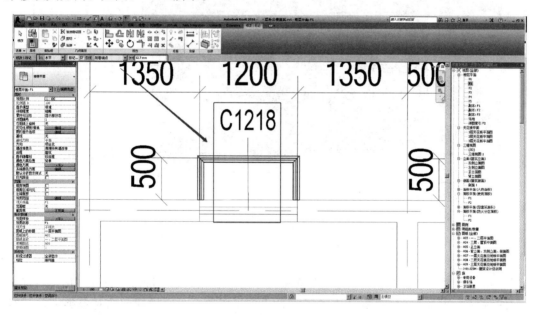

图 10.2-1 窗标记

（2）如果需要带有引线，勾选"引线"，指定引线将带有"附着端点"还是"自由端点"，可在"引线"复选框旁边的文本框中为引线长度输入一个值。

（3）高亮显示要标记的图元并单击以放置标记。在放置标记之后，它将处于编辑模式，而且可以重新定位，也可以移动引线、文字和标记头部的箭头。

10.2.2 门窗标记

在添加门窗时可以自动为门窗生成门窗标记，Revit 还提供了"全部标记"和"按类别标记"工具，可以在任何时候为项目重新添加门窗标记。

（1）打开案例项目。切换至 F1 楼层平面视图，载入标记族，如图 10.2-2 所示。

图 10.2-2　建筑所有标记族

（2）在"注释"选项卡的"标记"面板中单击"全部标记"按钮，打开"标记所有未标记的对象"对话框，如图 10.2-3 所示，这里列出了所有可以被标记的对象类别及其对应的标记符号族。

应注意，使用"按类别标记"工具可以按照对象类别进行逐个标记，在进行标记时，Revit 会自动识别对象类别，并为其附上符合类别的标记符号。

（3）单击"注释"选项卡"标记"面板名称黑色下拉三角形，展开标记面板，如图 10.2-4 所示，单击"载入的标记"选项，打开"标记"对话框。

（4）在"注释"选项卡的"标记"面板中单击"按类别标记"工具，取消勾选选项栏中的"引线"选项；项目窗，Revit 将使用"窗标记"标记窗，显示名称默认为"C2021"。

图 10.2-3　标记所有未标记的对象　　　　　图 10.2-4　类型标记设定

10.2.3　通风、管道和电气标记（MEP 标记）

（1）基于机械样板新建一个项目，在默认平面绘制如图的管道。如图 10.2-5 所示。

图 10.2-5　管道

（2）在插入中载入如图的管道标记族，如图 10.2-6 所示。

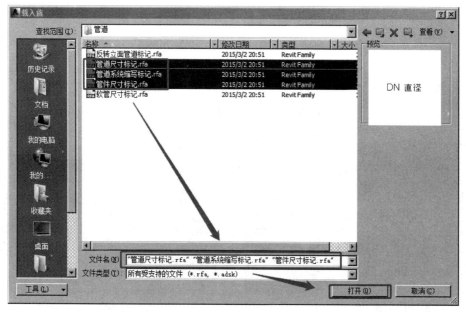

图 10.2-6　管道相关标记族

243

（3）在注释选项卡，标记面板选择"按类别标记"命令，对图中管道进行标记。（应注意，图中管径上的标注，是没有勾选引线）。如图 10.2-7 所示。

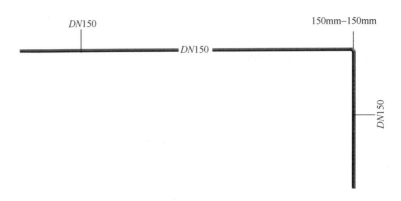

图 10.2-7　管道标记

10.2.4　房间和空间标记

（1）基于建筑样板新建一个项目，在建筑选项卡选择墙命令绘制，如图 10.2-8 所示封闭墙体。

（2）在建筑选项卡，房间和面积面板，选择"房间"命令，放置在该房间中。如图 10.2-9、图 10.2-10 所示。

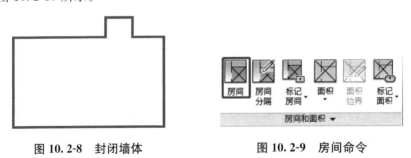

图 10.2-8　封闭墙体　　　　　　图 10.2-9　房间命令

（3）选择"房间分割"命令对房间空间进行分割，如图 10.2-11 所示。

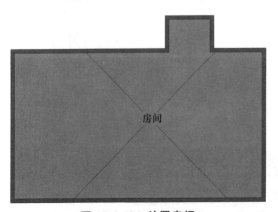
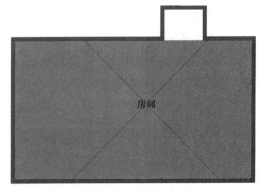

图 10.2-10　放置房间　　　　　　图 10.2-11　房间分割

（4）在注释选项卡，颜色填充面板，选择"颜色填充图例"命令，如图 10.2-12～图 10.2-14 所示。

（5）在房间和面积下拉三角，选择颜色方案，如图 10.2-15 所示。

（6）在弹出的对话框，空间类型选择为"房间"，颜色方案为"方案 1"，确定。如图 10.2-16 所示。

（7）选择面积中的"面积平面"命令，在弹出的对话框，选择类型为"净面积"，确定。如图 10.2-17、图 10.2-18 所示。

图 10.2-12 颜色填充图例命令

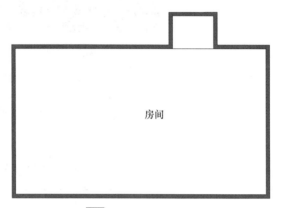

没有向视图指定颜色方案

图 10.2-13 放置颜色填充命令

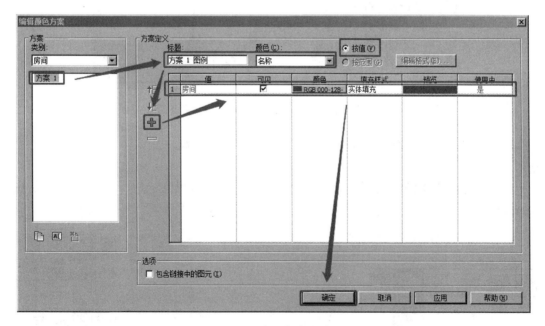

图 10.2-14 房间颜色方案设定

245

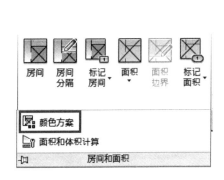

图 10. 2-15 颜色方案命令

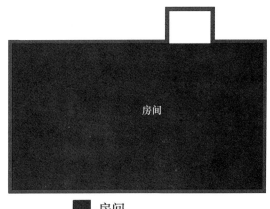

图 10. 2-16 房间颜色方案

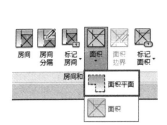

图 10. 2-17 面积平面

图 10. 2-18 新建面积平面面板

（8）选择面积边界命令，确定为拾取线，如图拾取一圈，如图 10.2-19、图 10.2-20 所示。

（9）选择面积中的"面积"命令，放置图中，完成面积的标记。如图 10.2-21、图 10.2-22 所示。

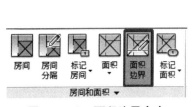

图 10. 2-19 面积边界命令

图 10. 2-20 面积边界

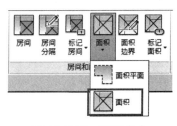

图 10. 2-21 面积命令

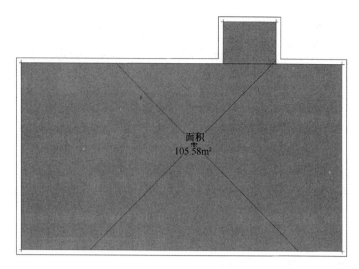

图 10.2-22 面积放置

应注意，其他面积的统计，同此步骤，读者可自行操作。

10.2.5 编辑标记

（1）继续上一个案例，选中面积标记族，在"修改｜面积标记"选项卡，模式面板选择编辑族。如图 10.2-23 所示。

（2）在"标记_面积－防火分区族"中，点选"房间名称"，在对应的属性对话框，选择编辑类型，可调整颜色，字体等。如图 10.2-24 所示。

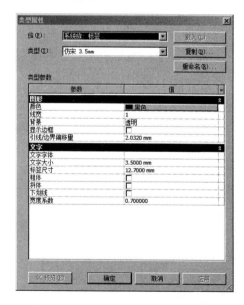

图 10.2-23 编辑族面板   图 10.2-24 房间标签类型属性

（3）在对应的"修改｜标签"选项卡，标签面板选择"编辑标签"，可改变该族在项目中需要提取的数据。如图 10.2-25 所示。

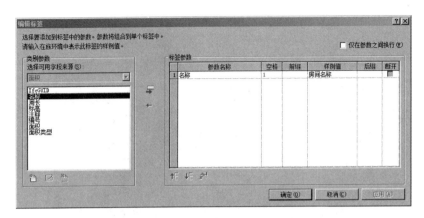

图 10.2-25　编辑标签对话框

同样其他参数和标记族的编辑和修改与此相同，读者可自行练习。

10.3　使用符号

通过上面介绍可以看出，Revit 可以针对有高程和坡度的表面自动提取高程值和坡度值，符号与模型是联动的，但是，对于一些不希望自动提取高程或不便于进行坡度建模的情况，使用这两个工具进行符号标注会有障碍，此时我们可以采用二维符号添加这些符号以满足要求。

10.3.1　指北针

可使用以下步骤在图形中插入北向箭头或基准点：在"注释"面板上（或其他自定义工具面板）选择一个北向箭头或基准点工具。在图形中指定北向箭头或基准点的插入点，指定旋转，创建完成，如图 10.3-1 所示。

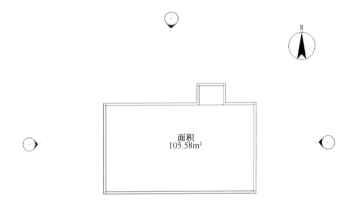

图 10.3-1　放置指北针

10.3.2　比例尺

比例尺注释用于注释图形比例，可以通过工具选项卡和项目浏览器中的工具使用它们。默认情况下，所有比例尺工具都已设置为非注释性的，也就是说，使用这些工具插入的注释不由注释性比例控制，不会随符号注释比例变化而更新。

图 10.3-2　比例尺实例

在图形中插入比例尺步骤：在工具选项板上选择比例尺工具，指定比例尺的插入点和旋转角度，创建完成。如图 10.3-2 中展示了先后在注释比例为 1∶25 和 1∶50 情况下的比例尺。

10.3.3　防火等级线

防火等级线是多段线，并且不由注释性比例控制。

在图形中插入防火等级线步骤：在"注释"面板上（或其他自定义工具面板）选择一个防火等级线工具，指定要使用防火等级线注释的墙的起点，按照绘制方向指定墙的终点。根据需要继续指定墙上的点，以延伸线条。

使用防火等级线工具插入的防火等级线可以在图形中修改。默认情况下，以这种方式创建的防火等级线工具与在图形中创建注释符号所用的原始工具具有相同的图层索引、图层替代、线型和线宽。

10.3.4　创建折断线

点取"注释"面板上的"符号"，在"属性"对话框上选择"符号-剖断线"这样就可以在图形中放置折断线。折断线实际上为多段线，可调整其比例，或根据图形比例拉伸折断线，以拟合各指定点。通常包含下列预定义折断线：条形线、条形线（实心）、剖面线（直线）、剖面线（曲线）、管道、管道（实心）。创建折断线步骤：

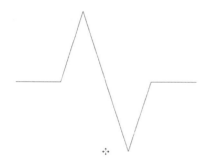

图 10.3-3　创建折断线实例

（1）在符号"属性"面板中选择折断线。

（2）指定剖面线的第一点和第二点。

（3）选择要修剪的方向，如图 10.3-3 展示了折断线效果。

10.3.5　创建云形修改符号

可以在图形中放置云形修改符号。可定义云形修改符号的颜色、长度和弧宽度，预定义云形修改符号（小弧、中弧、大弧、小弧和标记、中弧和标记、大弧和标记），以及用于标注云形修改符号的标记。步骤：

1. 在"注释"选项卡下"详图"面板中选择云形修改符号工具。

2. 指定云形修改符号的起点。

3. 可执行下列操作。（图 10.3-4～图 10.3-6）

（1）选择用于云形修改注释的不同符号。

图 10.3-4　云线批注

（2）修改用于绘制云线修改符号的多段线的颜色。

（3）指定云形修改符号的弧长度。

（4）修改用于绘制云形修改符号的多段线的线宽。

4. 移动光标以绘制云形修改符号。当光标移动到云形修改符号的起始位置，绘制即完成。

5. 若云形修改符号具有关联标记，请为标记中心点选择位置。

6. 输入修订编号，然后"确定"。

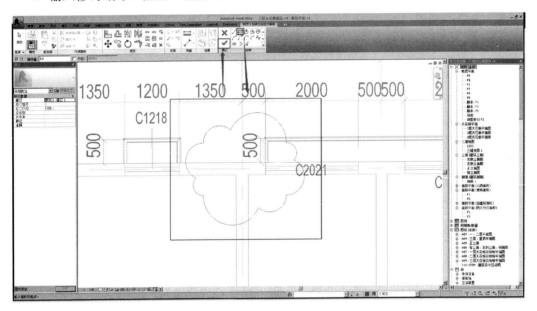

图 10.3-5　云线批注绘制

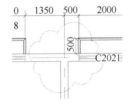

图 10.3-6　创建云形修改符号

第十一章 成果输出

使用明细表视图可以统计项目中各类图元对象，生成各种样式的明细表。Revit 可以分别统计模型图元数量、材质数量、图纸列表、视图列表和注释块列表。在进行施工图设计时，最常用的统计表格是门窗统计表和图纸列表。

11.1 创建明细表

11.1.1 明细表基础知识

明细表在图形中用于列出有关建筑模型中选定部件的信息（图 11.1-1）。

〈门明细表〉								
A	B	C	D	E	F	G	H	I
设计编号	类型	洞口尺寸 宽度	高度	樘数 总数	标高	选用图集 参照图集	型号	备注
JLM3024	J3024	3000	2400	1	F1			专业厂家设计制
				1				
M1027	防盗门	1000	2700	5	F1			
M1027	防盗门	1000	2700	5	F2			
M1027	防盗门	1000	2700	5	F3			
				15				
M1527	防盗门	1500	2700	1	F1			
M1527	防盗门	1500	2700	1	F2			
M1527	防盗门	1500	2700	1	F3			
				3				

图 11.1-1　门表格实例

11.1.2 结构柱明细表

不同专业，虽然创建明细表的方法是一样的，但会有一些不同的统计要求。此处我们以结构柱明细表为例。

选择功能区"视图→明细表→■明细表/数量"，在弹出的"新建明细表"对话框中，在"类别"栏列表里选择"结构柱"，如图 11.1-2 所示。

在"明细表属性"对话框"字段"标签栏，添加需要的结构柱属性如图 11.1-3 所示。

在"排序/成组"标签栏，设置排序方式如图 11.1-4 所示，使明细表分别按照"标记""底部标高""底部偏移"有序排列，其中标记勾选"页脚"选择"仅总数"，去掉逐条列举每个实例，勾选总计。

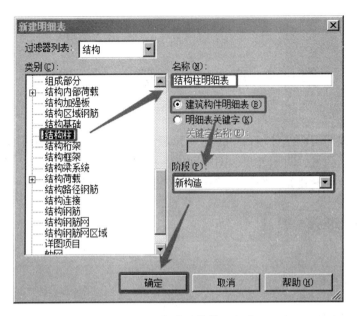

图 11.1-2　新建结构柱明细表

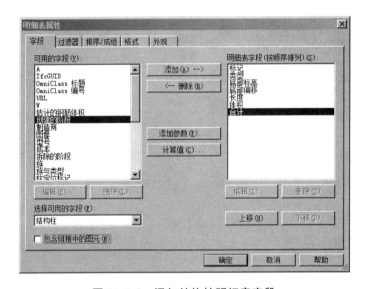

图 11.1-3　添加结构柱明细表字段

　　要统计某单项的总数，比如统计所有柱子的总体积数，可以在"格式"标签栏，选中"体积"字段，勾选"计算总数"，如图 11.1-5 所示。

　　要修改明细表中"长度"数值单位为"m"且保留小数点三位数，则在"格式"标签栏，选中"长度"字段，单击对话框里的"字段格式"按钮，如图 11.1-6 所示，在"格式"对话框中设置按如图 11.1-6 所示。

　　设置完成后，创建的"结构柱明细表"如图 11.1-7 所示，可看到项目中所有结构柱的长度和体积都分门别类地统计出来了。

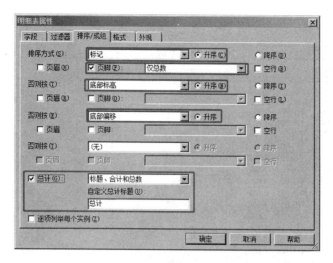

图 11.1-4　结构柱明细表"排序/成组"设置

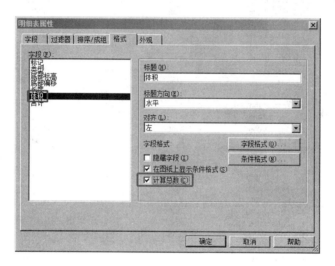

图 11.1-5　结构柱明细表"计算总数"

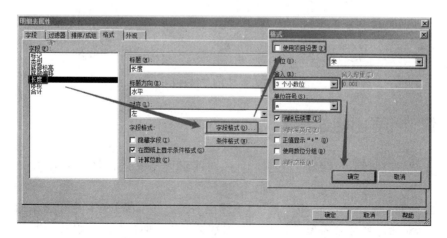

图 11.1-6　结构柱明细表"字段格式"

		<结构柱明细表>			
A	B	C	D	E	F
标记	底部标高	底部偏移	长度	体积	合计
S_AZ1_700_C40				24.55 m³	22
S_AZ3_400_C40				150.08 m³	80
S_GBZ1_700x1000_C40-H60	T-S-F01-(-0.100)	0	8.9 m	123.68 m³	20
S_GBZ1_1200x700_C40-H80	T-S-B01-(-4.600)	0	4.5 m	60.48 m³	16
S_GBZ1_1200x700_C40-H80	T-S-F01-(-0.100)	0	8.9 m	118.75 m³	16
S_GBZ1A_1600x700_C40-H6	T-S-B01-(-4.600)	0	4.5 m	100.80 m³	20
S_GBZ2_1200x700-600x140	T-S-B01-(-4.600)	0	4.5 m	15.12 m³	2
S_GBZ2_1200x700-600x140	T-S-F01-(-0.100)	0	8.9 m	29.90 m³	2
S_GBZ3_1440x700-600x200	T-S-B01-(-4.600)	0	4.5 m	19.87 m³	2
S_GBZ3_1440x700-600x200	T-S-F01-(-0.100)	0	8.9 m	39.30 m³	2
S_KZ0a_400x400_C40	T-S-B01-(-4.600)	1100	3.4 m	2.18 m³	4
S_KZ0a_400x400_C40	T-S-B01-(-4.600)	1300	3.2 m	2.56 m³	5
S_KZ0a_400x400_C40	T-S-F01-(-0.100)	0	4.4 m	2.82 m³	4
S_KZ1a_500x600_C40	T-S-B01-(-4.600)	-600	5.1 m	1.53 m³	1
S_KZ1a_500x600_C40	T-S-B01-(-4.600)	0	4.5 m	1.35 m³	1
S_KZ1a_500x600_C40	T-S-B01-(-4.600)	1100	3.4 m	1.02 m³	1
S_KZ1a_500x600_C40	T-S-F01-(-0.100)	0	4.4 m	2.64 m³	2
S_KZ1b_500x600_C40	T-S-B01-(-4.600)	-900	5.4 m	6.48 m³	1
S_KZ1b_500x600_C40	T-S-B01-(-4.600)	-600	5.1 m	1.53 m³	1
S_KZ1b_500x600_C40	T-S-B01-(-4.600)	0	4.5 m	10.80 m³	8
S_KZ1b_500x600_C40	T-S-B01-(-4.600)	1100	3.4 m	3.06 m³	3
S_KZ1b_500x600_C40	T-S-B01-(-4.600)	2100	2.4 m	0.72 m³	1
S_KZ1b_500x600_C40	T-S-F01-(-0.100)	0	4.4 m	14.52 m³	11
S_KZ1c_500x600_C40	T-S-F01-(-0.100)	0	4.4 m	1.32 m³	1
S_KZ1d_500x600_C40	T-S-B01-(-4.600)	1100	3.4 m	1.02 m³	1
S_KZ1d_500x600_C40	T-S-B01-(-4.600)	3600	0.9 m	0.54 m³	2
S_KZ1d_500x600_C40	T-S-F01-(-0.100)	0	4.4 m	3.96 m³	3
S_KZ2a_400x600_C40	T-S-B01-(-4.600)	0	4.5 m	4.30 m³	4
S_KZ2a_400x600_C40	T-S-B01-(-4.600)	1100	3.4 m	0.82 m³	1
S_KZ2a_400x600_C40	T-S-F01-(-0.100)	0	4.4 m	6.34 m³	6
S_KZ2b_600x400_C40	T-S-B01-(-4.600)	-2400	6.9 m	1.10 m³	1
S_KZ2b_600x400_C40	T-S-B01-(-4.600)	-600	5.1 m	2.45 m³	2
S_KZ2b_600x400_C40	T-S-F01-(-0.100)	0	4.4 m	2.11 m³	2
S_KZ2c_600x400_C40	T-S-B01-(-4.600)	-600	5.1 m	2.16 m³	2
S_KZ2c_600x400_C40	T-S-F01-(-0.100)	0	4.4 m	2.11 m³	2
S_KZ2d_600x400_C40	T-S-B01-(-4.600)	-2400	6.9 m	1.24 m³	1
S_KZ2d_600x400_C40	T-S-B01-(-4.600)	-900	5.4 m	9.82 m³	8
S_KZ2d_600x400_C40	T-S-B01-(-4.600)	-600	5.1 m	8.55 m³	7
S_KZ2d_600x400_C40	T-S-B01-(-4.600)	0	4.5 m	1.08 m³	1
S_KZ2d_600x400_C40	T-S-F01-(-0.100)	0	4.4 m	14.78 m³	14
S_KZ2e_400x600_C40	T-S-B01-(-4.600)	-900	5.4 m	2.23 m³	2
S_KZ2e_400x600_C40	T-S-B01-(-4.600)	0	4.5 m	15.12 m³	14
S_KZ2e_400x600_C40	T-S-F01-(-0.100)	0	4.4 m	12.67 m³	12
S_KZ3_600x400_C40	T-S-B01-(-4.600)	1100	3.4 m	0.82 m³	1
S_KZ3_600x400_C40	T-S-F01-(-0.100)	0	4.4 m	1.06 m³	1
S_KZ4_φ750_C40	T-S-B01-(-4.600)	1100	3.4 m	1.50 m³	1
S_KZ4_φ750_C40	T-S-F01-(-0.100)	0	4.4 m	1.94 m³	1

图 11.1-7　完成的结构柱明细表

11.2　编辑和导出明细表

（1）在"修改明细表/数量"选项卡可以对明细表格式进行修改或者添加新的计算参数；

（2）选择列面板中的"插入"命令，在弹出的"选择字段"对话框单击添加参数，在"参数属性"对话框名称命名为"面积1"，参数类型为"面积"其他设置如图 11.2-1～图 11.2-3 所示，确定。

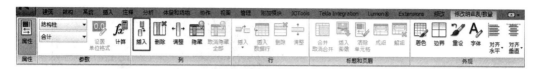

图 11.2-1　插入列命令

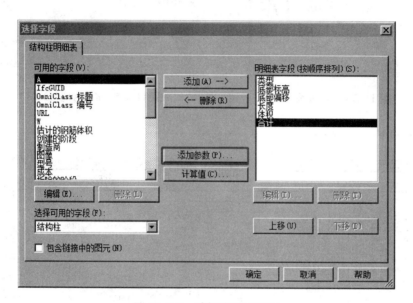

图 11.2-2　选择字段对话框

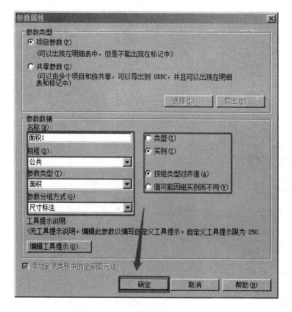

图 11.2-3　参数属性对话框

（3）选择新建的"面积 1"列，在参数面板选择"计算"命令，在"计算值"对话框设置如图 11.2-4～图 11.2-6 参数。

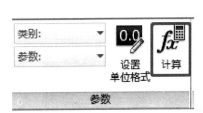

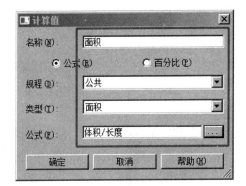

图 11.2-4 计算命令　　　　　　　　图 11.2-5 面积计算公式

\<结构柱明细表\>						
A	B	C	D	E	F	G
标记	底部标高	底部偏移	长度	体积	合计	面积
S_AZ1_700_C40				24.55 m³	22	
S_AZ3_400_C40				150.08 m³	80	
S_GBZ1_700x1000_C40-H60	T-S-F01-(-0.100)	0	8.9 m	123.68 m³	20	1 m²
S_GBZ1_1200x700_C40-H80	T-S-B01-(-4.600)	0	4.5 m	60.48 m³	16	1 m²
S_GBZ1_1200x700_C40-H80	T-S-F01-(-0.100)	0	8.9 m	118.75 m³	16	1 m²
S_GBZ1A_1600x700_C40-H6	T-S-B01-(-4.600)	0	4.5 m	100.80 m³	20	1 m²
S_GBZ2_1200x700-600x140	T-S-B01-(-4.600)	0	4.5 m	15.12 m³	2	2 m²
S_GBZ2_1200x700-600x140	T-S-F01-(-0.100)	0	8.9 m	29.90 m³	2	2 m²
S_GBZ3_1440x700-600x200	T-S-B01-(-4.600)	0	4.5 m	19.87 m³	2	2 m²
S_GBZ3_1440x700-600x200	T-S-F01-(-0.100)	0	8.9 m	39.30 m³	2	2 m²
S_KZ0a_400x400_C40	T-S-B01-(-4.600)	1100	3.4 m	2.18 m³	4	0 m²
S_KZ0a_400x400_C40	T-S-B01-(-4.600)	1300	3.2 m	2.56 m³	5	0 m²
S_KZ0a_400x400_C40	T-S-F01-(-0.100)	0	4.4 m	2.82 m³	4	0 m²
S_KZ1a_500x600_C40	T-S-B01-(-4.600)	-600	5.1 m	1.53 m³	1	0 m²
S_KZ1a_500x600_C40	T-S-B01-(-4.600)	0	4.5 m	1.35 m³	1	0 m²
S_KZ1a_500x600_C40	T-S-B01-(-4.600)	1100	3.4 m	1.02 m³	1	0 m²
S_KZ1a_500x600_C40	T-S-F01-(-0.100)	0	4.4 m	2.64 m³	2	0 m²
S_KZ1b_500x600_C40	T-S-B01-(-4.600)	-900	5.4 m	6.48 m³	4	0 m²
S_KZ1b_500x600_C40	T-S-B01-(-4.600)	-600	5.1 m	1.53 m³	1	0 m²
S_KZ1b_500x600_C40	T-S-B01-(-4.600)	0	4.5 m	10.80 m³	8	0 m²
S_KZ1b_500x600_C40	T-S-B01-(-4.600)	1100	3.4 m	3.06 m³	3	0 m²
S_KZ1b_500x600_C40	T-S-B01-(-4.600)	2100	2.4 m	0.72 m³	1	0 m²
S_KZ1b_500x600_C40	T-S-F01-(-0.100)	0	4.4 m	14.52 m³	11	0 m²
S_KZ1c_500x600_C40	T-S-F01-(-0.100)	0	4.4 m	1.32 m³	1	0 m²
S_KZ1d_500x600_C40	T-S-B01-(-4.600)	1100	3.4 m	1.02 m³	1	0 m²
S_KZ1d_500x600_C40	T-S-B01-(-4.600)	3600	0.9 m	0.54 m³	2	0 m²
S_KZ1d_500x600_C40	T-S-F01-(-0.100)	0	4.4 m	3.96 m³	3	0 m²
S_KZ2a_400x600_C40	T-S-B01-(-4.600)	0	4.5 m	4.30 m³	4	0 m²
S_KZ2a_400x600_C40	T-S-B01-(-4.600)	1100	3.4 m	0.82 m³	1	0 m²
S_KZ2a_400x600_C40	T-S-F01-(-0.100)	0	4.4 m	6.34 m³	6	0 m²
S_KZ2b_600x400_C40	T-S-B01-(-4.600)	-2400	6.9 m	1.10 m³	2	0 m²
S_KZ2b_600x400_C40	T-S-B01-(-4.600)	-600	5.1 m	2.45 m³	2	0 m²
S_KZ2b_600x400_C40	T-S-F01-(-0.100)	0	4.4 m	2.11 m³	2	0 m²
S_KZ2c_600x400_C40	T-S-B01-(-4.600)	-600	5.1 m	2.16 m³	2	0 m²
S_KZ2c_600x400_C40	T-S-F01-(-0.100)	0	4.4 m	2.11 m³	2	0 m²
S_KZ2d_600x400_C40	T-S-B01-(-4.600)	-2400	6.9 m	1.24 m³	1	0 m²
S_KZ2d_600x400_C40	T-S-B01-(-4.600)	-900	5.4 m	9.82 m³	8	0 m²
S_KZ2d_600x400_C40	T-S-B01-(-4.600)	-600	5.1 m	8.55 m³	7	0 m²
S_KZ2d_600x400_C40	T-S-F01-(-0.100)	0	4.4 m	14.78 m³	14	0 m²
S_KZ2e_400x600_C40	T-S-B01-(-4.600)	-900	5.4 m	2.23 m³	2	0 m²
S_KZ2e_400x600_C40	T-S-B01-(-4.600)	0	4.5 m	15.12 m³	14	0 m²
S_KZ2e_400x600_C40	T-S-F01-(-0.100)	0	4.4 m	12.67 m³	12	0 m²
S_KZ3_600x400_C40	T-S-B01-(-4.600)	1100	3.4 m	0.82 m³	1	0 m²
S_KZ3_600x400_C40	T-S-F01-(-0.100)	0	4.4 m	1.06 m³	1	0 m²
S_KZ4_φ750_C40	T-S-B01-(-4.600)	1100	3.4 m	1.50 m³	1	0 m²
S_KZ4_φ750_C40	T-S-F01-(-0.100)	0	4.4 m	1.94 m³	1	

图 11.2-6 结构柱面积计算明细

（4）选中面积列，在参数面板，选择"设置格式命令"，在弹出的对话框，进行如下设置，确定。如图 11.2-7、图 11.2-8 所示。

图 11.2-7　单位设置

<结构柱明细表>

A	B	C	D	E	F	G
标记	底部标高	底部偏移	长度	体积	合计	面积
S_AZ1_700_C40				24.55 m³	22	
S_AZ3_400_C40				150.08 m³	80	
S_GBZ1_700x1000_C40-H60	T-S-F01-(-0.100)	0	8.9 m	123.68 m³	20	
S_GBZ1_1200x700_C40-H80	T-S-B01-(-4.600)	0	4.5 m	60.48 m³	16	840000 mm²
S_GBZ1_1200x700_C40-H80	T-S-F01-(-0.100)	0	8.9 m	118.75 m³	16	
S_GBZ1A_1600x700_C40-H6	T-S-B01-(-4.600)	0	4.5 m	100.80 m³	20	1120000 mm²
S_GBZ2_1200x700-600x140	T-S-B01-(-4.600)	0	4.5 m	15.12 m³	2	1680000 mm²
S_GBZ2_1200x700-600x140	T-S-F01-(-0.100)	0	8.9 m	29.90 m³	2	1680000 mm²
S_GBZ3_1440x700-600x200	T-S-B01-(-4.600)	0	4.5 m	19.87 m³	2	2208000 mm²
S_GBZ3_1440x700-600x200	T-S-F01-(-0.100)	0	8.9 m	39.30 m³	2	2208000 mm²
S_KZ0a_400x400_C40	T-S-B01-(-4.600)	1100	3.4 m	2.18 m³	4	160000 mm²
S_KZ0a_400x400_C40	T-S-B01-(-4.600)	1300	3.2 m	2.56 m³	5	160000 mm²
S_KZ0a_400x400_C40	T-S-F01-(-0.100)	0	4.4 m	2.82 m³	4	160000 mm²
S_KZ1a_500x600_C40	T-S-B01-(-4.600)	-600	5.1 m	1.53 m³	1	300000 mm²
S_KZ1a_500x600_C40	T-S-B01-(-4.600)	0	4.5 m	1.35 m³	1	300000 mm²
S_KZ1a_500x600_C40	T-S-B01-(-4.600)	1100	3.4 m	1.02 m³	1	300000 mm²
S_KZ1a_500x600_C40	T-S-F01-(-0.100)	0	4.4 m	2.64 m³	2	300000 mm²
S_KZ1b_500x600_C40	T-S-B01-(-4.600)	-900	5.4 m	6.48 m³	4	300000 mm²
S_KZ1b_500x600_C40	T-S-B01-(-4.600)	-600	5.1 m	1.53 m³	1	300000 mm²
S_KZ1b_500x600_C40	T-S-B01-(-4.600)	0	4.5 m	10.80 m³	8	300000 mm²
S_KZ1b_500x600_C40	T-S-B01-(-4.600)	1100	3.4 m	3.06 m³	3	300000 mm²
S_KZ1b_500x600_C40	T-S-B01-(-4.600)	2100	2.4 m	0.72 m³	1	300000 mm²
S_KZ1b_500x600_C40	T-S-F01-(-0.100)	0	4.4 m	14.52 m³	11	300000 mm²
S_KZ1c_500x600_C40	T-S-F01-(-0.100)	0	4.4 m	1.32 m³	1	300000 mm²
S_KZ1d_500x600_C40	T-S-B01-(-4.600)	1100	3.4 m	1.02 m³	1	300000 mm²
S_KZ1d_500x600_C40	T-S-B01-(-4.600)	3600	0.9 m	0.54 m³	2	300000 mm²
S_KZ1d_500x600_C40	T-S-F01-(-0.100)	0	4.4 m	3.96 m³	3	300000 mm²
S_KZ2a_400x600_C40	T-S-B01-(-4.600)	0	4.5 m	4.30 m³	4	
S_KZ2a_400x600_C40	T-S-B01-(-4.600)	1100	3.4 m	0.82 m³	1	240000 mm²
S_KZ2a_400x600_C40	T-S-F01-(-0.100)	0	4.4 m	6.34 m³	6	240000 mm²
S_KZ2b_600x400_C40	T-S-B01-(-4.600)	-2400	6.9 m	1.10 m³	1	160000 mm²
S_KZ2b_600x400_C40	T-S-B01-(-4.600)	-600	5.1 m	2.45 m³	2	240000 mm²
S_KZ2b_600x400_C40	T-S-F01-(-0.100)	0	4.4 m	2.11 m³	2	240000 mm²
S_KZ2c_600x400_C40	T-S-B01-(-4.600)	-600	5.1 m	2.16 m³	2	211765 mm²
S_KZ2c_600x400_C40	T-S-F01-(-0.100)	0	4.4 m	2.11 m³	2	240000 mm²
S_KZ2d_600x400_C40	T-S-B01-(-4.600)	-2400	6.9 m	1.24 m³	1	179130 mm²
S_KZ2d_600x400_C40	T-S-B01-(-4.600)	-900	5.4 m	9.82 m³	8	
S_KZ2d_600x400_C40	T-S-B01-(-4.600)	-600	5.1 m	8.55 m³	7	
S_KZ2d_600x400_C40	T-S-B01-(-4.600)	0	4.5 m	1.08 m³	1	240000 mm²
S_KZ2d_600x400_C40	T-S-F01-(-0.100)	0	4.4 m	14.78 m³	14	240000 mm²
S_KZ2e_400x600_C40	T-S-B01-(-4.600)	-900	5.4 m	2.23 m³	2	206667 mm²
S_KZ2e_400x600_C40	T-S-B01-(-4.600)	0	4.5 m	15.12 m³	14	240000 mm²
S_KZ2e_400x600_C40	T-S-F01-(-0.100)	0	4.4 m	12.67 m³	12	240000 mm²
S_KZ3_600x400_C40	T-S-B01-(-4.600)	1100	3.4 m	0.82 m³	1	240000 mm²
S_KZ3_600x400_C40	T-S-F01-(-0.100)	0	4.4 m	1.06 m³	1	240000 mm²
S_KZ4_φ750_C40	T-S-B01-(-4.600)	1100	3.4 m	1.50 m³	1	441779 mm²
S_KZ4_m750_C40	T-S-F01-(-0.100)	0	4.4 m	1.94 m³	1	441783 mm²

图 11.2-8　修改后的面积明细表

（5）在"属性"对话框，可以对当前明细表的"字段""过滤器""排序/成组""格式""外观"进行编辑。如图 11.2-9 所示。

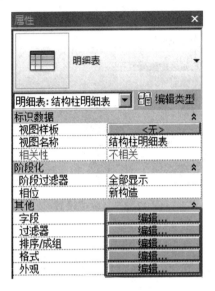

图 11.2-9 明细表属性编辑

（6）导出明细表，依次导出→报告→明细表，会提示将明细表导出为".txt"格式。如图 11.2-10～图 11.2-12 所示。

图 11.2-10 明细表导出流程

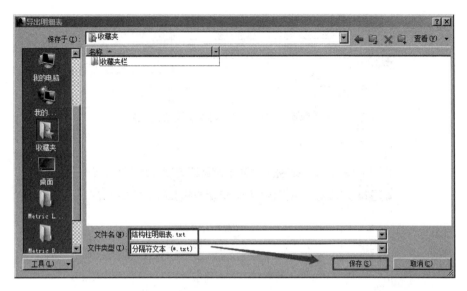

图 11.2-11　保存为 .txt 文本格式

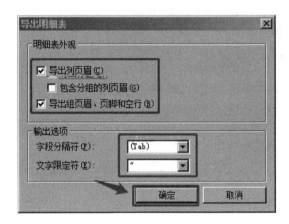

图 11.2-12　导出设置

11.3　创建二维图纸

11.3.1　项目信息设置

在标题栏中除了显示当前图纸名称、图纸编号外，还将显示项目的相关信息，如项目名称、客户名称等内容。可以使用"项目信息"工具设置项目的公用信息参数。

打开案例模型。在"管理"选项卡的"项目设置"面板中单击"项目信息"工具，弹出"项目信息"对话框，如图 11.3-1 所示，根据项目实际状况或按图中所示内容输入各参数信息，单击"确定"按钮，完成"项目信息"设置。

Revit 会根据项目信息设置自动修改图纸标题栏中所有引用项目信息参数的字段。保存项目。Revit 提供了"A0～A4 公制 .rte"和"新尺寸公制 .rte"族样板文件，用于自

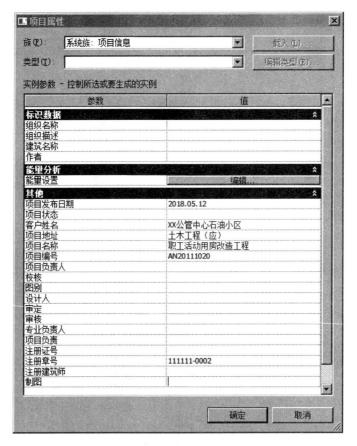

图 11.3-1　项目信息对话框

定义各种标准尺寸和非标准尺寸的标题栏族文件。可以使用"共享参数"为标题栏族或项目信息添加更多参数内容。

11.3.2　图纸布置

使用 Revit 的"新建图纸"工具可以为项目创建图纸视图，指定图纸使用的标题栏族（图框）并将指定的视图布置在图纸视图中形成最终施工图档。下面继续完成综合楼项目图纸布置。

（1）在"视图"选项卡的"图纸组合"面板中单击"新建图纸"工具，弹出"新建图纸"对话框，如图 11.3-2 所示，

（2）在"视图"选项卡的"图纸组合"面板中单击"视图"工具，弹出"视图"对话框，在视图列表中列出当前项目中所有可用视图，如图 11.3-3 所示，选择"楼层平面：F0"，单击"在图纸中添加视图"按钮，Revit 给出 F0 楼层平面视图范围预览，确认选项栏"在图纸上旋转"选项为"无"，当显示视图范围完全位于标题栏范围内时，单击放置该视图。

（3）在图纸中放置的视图称为"视口"，Revit 自动在视图底部添加视口标题，默认将以该视图的视图名称命名该视口，如图 11.3-4 所示。

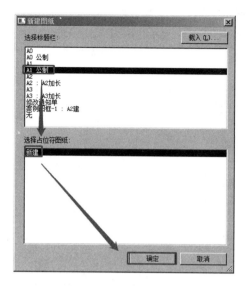

图 11.3-2　创建 A1 公制图框

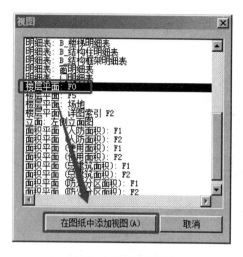

图 11.3-3　放置视图

（4）选择图纸视图中的视口标题，打开"类型属性"对话框，确认"显示标题"选项为"否"，取消勾选"显示延伸线"选项，其他参数如图 11.3-5 所示，完成后单击"确定"按钮。

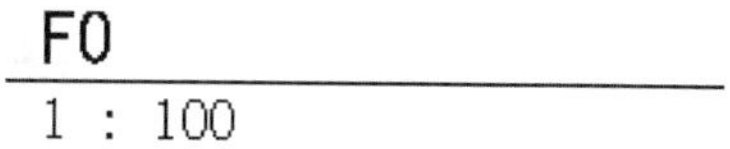

（5）切换到 F0 楼层平面视图，打开本视图的"剪裁视图"功能，让剪裁框去除多余的图元信息，使图面更加规整，完成后点击"隐藏裁剪区域"按钮。如图 11.3-6 所示。

F0
1：100

图 11.3-4　视口标题

（6）选择视口标题，按住并拖动视口标题至图纸中间位置。

（7）在新建的图纸中选择刚放入的视口，打开视口"属性"对话框，修改"图纸上的标题"为"一层平面图"，注意"图纸编号"和"图纸名称"参数已自动修改为当前视图所在图纸信息，如图 11.3-7 所示，单击"应用"按钮完成设置，注意图纸视图中视口标题名称同时修改为"F0 平面图"。

（8）在"注释"选项卡的"详图"面板中单击"符号"工具，进入"放置符号"选项卡。设置当前符号类型为"指北针"，在图纸视图右上角空白位置单击放置指北针符号。如图 11.3-8 所示。

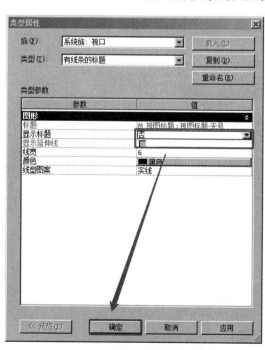

图 11.3-5　视口类型属性对话框

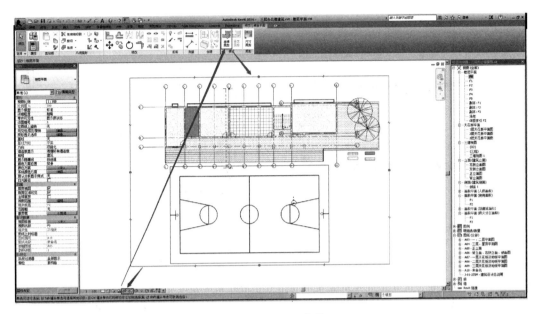

图 11. 3-6　视图裁剪

图 11. 3-7　视口属性对话框

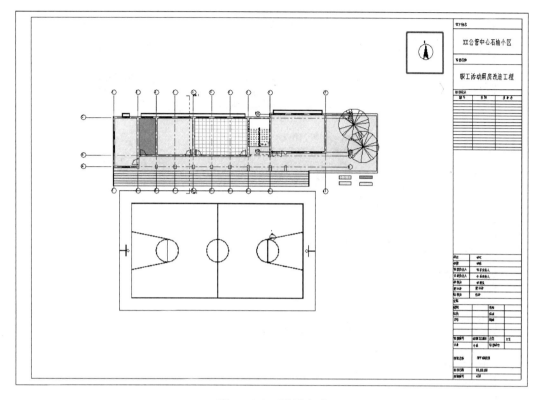

图 11.3-8　图纸生成

11.4　图纸导出和打印

在 Revit 可以将项目中多个视图或明细表布置在同一个图纸视图中，形成用于打印和发布的施工图纸。Revit 可以将项目中的视图、图纸打印或导出为 CAD 的文件格式与其他非 Revit 用户进行数据交换。

11.4.1　图纸导出为 CAD 文件

（1）接上节练习。单击"应用程序菜单"按钮，在列表中选择"导出→选项→导出设 DWG/DXF"选项，打开"修改 DWG/DXF 导出设置"对话框，如图 11.4-1～图 11.4-3 所示，该对话框中可以分别对 Revit 模型导出为 CAD 时的图层、线形、填充图案、字体、CAD 版本等进行设置。在"层"选项卡列表中指定各类对象类别及其子类别的投影和截面图形在导出"DWG/DXF"文件时对应的图层名称及线型颜色 ID。进行图层配置有两种方法，一是根据要求逐个修改图层的名称、线颜色等；二是通过加载图层映射标准进行批量修改。

（2）单击"根据标准加载图层"下拉列表按钮，Revit 中提供了 4 种国际图层映射标准，以及从外部加载图层映射标准文件的方式。选择"ISO 标准 13567"。

（3）可以继续在"修改 DWG/DXF 导出设置"对话框中对需要导出的线形、颜色、

图 11.4-1 导出 CAD 格式图纸流程

字体等进行映射配置，设置方法和填充图案类似，请自行尝试，单击确定。

（4）对话框左侧顶部的"选择导出设置"确认为"＜任务中的导出设置＞"，即前几个步骤进行的设置，在对话框右侧"导出"中选择"＜任务中的视图/图纸集＞"，在"按列表显示"中选择"集中的所有视图和图纸"，即显示当前项目中的所有图纸，在列表中勾选要导出的图纸即可，下一步。如图 11.4-4 所示。

（5）打开"导出 CAD 格式"对话框，如图 11.4-5 所示，指定文件保存的位置".dwg"版本格式和命名的规则，单击"确定"按钮，即可将所选择图纸导出为".dwg"数据格式。如果希望导出的文件采用 AutoCAD 外部参照模式，请勾选对话框中的"将图纸上的视图和链接作为外部参照导出"，此处设置为不勾选。

（6）图 11.4-6 所示为导出后的".dwg"文件，导出后会自动命名。

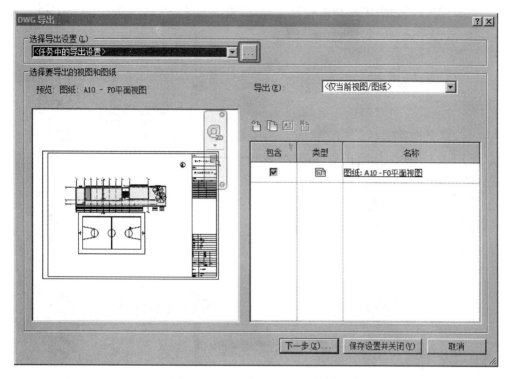

图 11.4-2　导出图层及线性设置按钮

图 11.4-3　图层线性设置界面

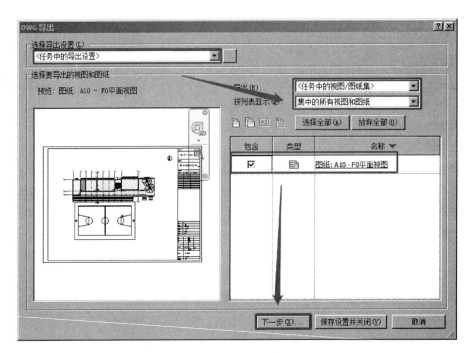

图 11.4-4　视图导出设置

图 11.4-5　CAD 格式设置

　　📁 Output
　　📁 Projects
　　🖼 三层办公楼建筑-图纸 - A10 - F0平面视图.dwg

图 11.4-6　导出的 ".dwg" 格式文件

11.4.2　图纸打印

Revit 的图纸打印输出一般采用输出为 PDF 文件的方式。

（1）接上一小节练习，确认为需要打印的视图。单击"应用程序菜单"按钮，在列表中选择"打印"选项，打开"打印"对话框，如图 11.4-7 所示。在"打印机"名称列表中选择本次打印要使用的打印机名称，Revit 可以使用 Windows 系统中配置的所有打印机。

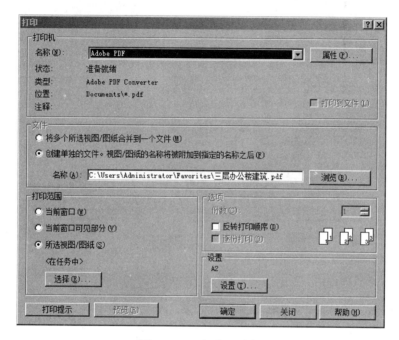

图 11.4-7　打印机选择

（2）在"打印范围"栏目中可以设置要打印的视口或图纸。如果希望一次性打印多个视图和图纸，请选择"所选视图/图纸"选项，单击"选择"按钮，打开图 11.4-8 所示的"视图/图纸集"对话框，只勾选对话框中"显示"区域的"图纸"选项，只显示图纸视图部分，在列表中选择需要打印的图纸（本处不勾选目录、说明、大样图等，因为图纸大小与其他的图纸大小不一致）。默认 Revit 会将所做的选择保存为"设置1"，以方便下次打印时快速通过"名称"列表快速设置需要打印的视图或图纸，或者可以单击"另存为"按钮，存为新设置文件，完成后单击"确定"按钮，返回"打印"对话框。

（3）击"打印"对话框中的"设置"按钮，打开"打印设置"对话框，如图 11.4-9 所示，设置本次打印采用的纸张尺寸、打印方向、页面定位方式（"页面位置"）、打印缩放及打印质量和色彩；在"选项"栏中可以进一步设置打印时是否隐藏视图边界、参照平面等选项。设置完成后，可以单击"另存为"按钮。单击"确定"按钮，返回"打印"对话框。

（4）击"打印"按钮，将所选视图发送至打印机，并按打印设置的样式打印出图。Revit 会自动读取标题栏边界范围并自动与打印纸张的打印边界对齐。

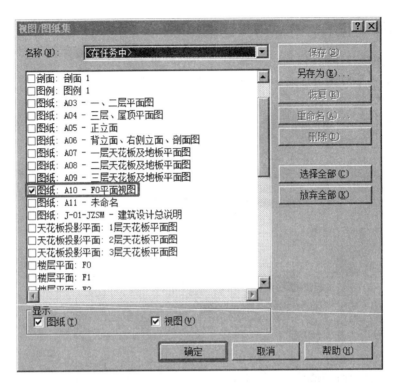

图 11. 4-8　打印图纸选择

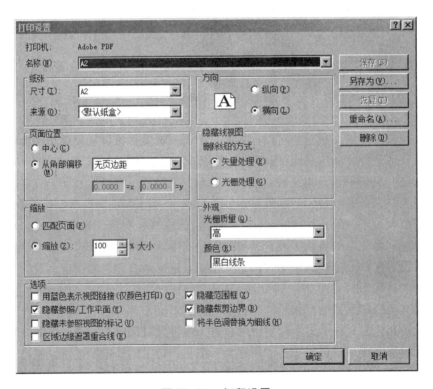

图 11. 4-9　打印设置

11.5　可视化展示

11.5.1　设定材质

在 Revit 要得到真实外观效果，我们需要在渲染之前为各个构件赋予材质。以赋予墙体材质为例，其他材质设置方法相同。

（1）案例文件。在左侧项目浏览器中选择"三维视图"列表，双击"3D"，切换至外部轴测视图模式。选择一面墙，此墙体类型为"外墙米黄色"。

（2）打开墙"类型属性"对话框，单击类"结构"参数后的"编辑"按钮，打开墙"编辑部件"对话框。如图 11.5-1 所示，单击层列表中第一行"面层 2〔5〕"材质按钮，打开"材质"对话框。

（3）选择材质名称为"粉刷-米黄色涂料"材质，弹出"材质"对话框，切换至"外观"选项卡，进入材质的设置，此时会出现"外观属性集"选项卡，如图 11.5-2 所示，此窗口内的参数将用来为材质赋予渲染外观。

应注意，除了通过构件的类型属性打开材质对话框以外，还可以在功能区中单击"管理"选项卡"设置"面板中的"材质"工具，打开"材质"对话框。

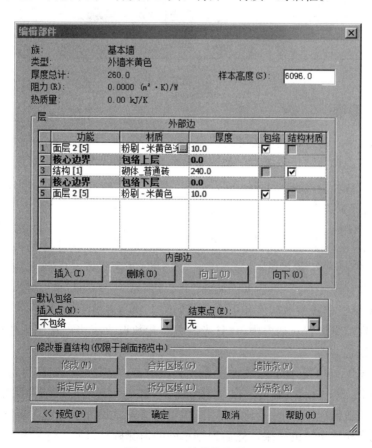

图 11.5-1　墙编辑部件

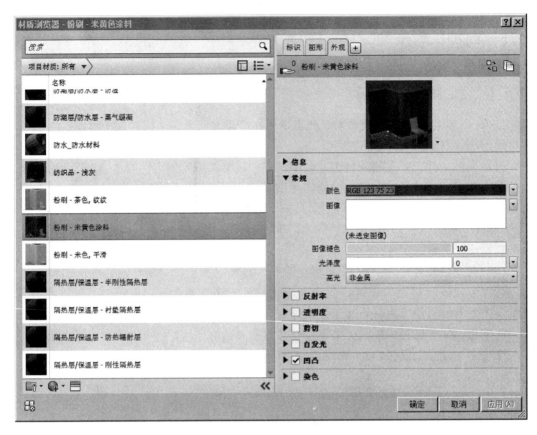

图 11.5-2　材质外观设定

11.5.2　图片渲染

创建好相机后，可以启动渲染器对三维视图进行渲染。为了得到更好的渲染效果，需要根据不同的情况调整渲染设置，例如，调整分辨率、照明等，同时为了得到更好的渲染速度，也需要进行一些优化设置。以室外视图为例，介绍在 Revit 中进行渲染的一般过程。

图 11.5-3　渲染命令

（1）接上一小节练习。切换至"室外"透视图模式，单击视图控制栏中的"渲染"按钮，打开"渲染"对话框。如图 11.5-3 所示。

"渲染"对话框中各参数功能和用途说明如图 11.5-4 所示。

应注意，在渲染设置对话框中，"日光设置"参数取决于当前视图采用的"日光和阴影"中的日光设置。

（2）按照图 11.5-4 中所示参数设置完成后，单击"渲染"按钮即可进行渲染，渲染完成效果如图 11.5-5 所示，单击"保存到项目中"按钮可以将渲染结果保存到项目中。

应注意，一般情况下不要一开始就用高质量的渲染模式。可以先从渲染草图质量图像开始，以便观察初始设置的效果，然后根据草图的情况调整材质、灯光和其他设置，并根据需要适当提高渲染质量，逐步改善图像效果。当确认材质渲染外观和渲染设置符合要求后，才使用高质量设置生成最终图像。

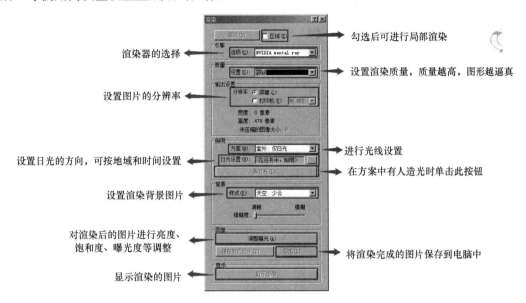

渲染
区域(R)
引擎
选项(O): NVIDIA mental ray
质量
设置(S):
输出设置
分辨率: 屏幕(C)
打印机(P): 96 DPI
宽度: 0 像素
高度: 479 像素
未压缩的图像大小: 0
照明
方案(H): 室外: 仅日光
日光设置(U): <在任务中，照明>
人造灯光(L)...
背景
样式(Y): 天空: 少云
清晰
模糊
模糊度
图像
调整曝光(A)...
保存到项目中(V)...
导出(X)...
显示
显示渲染
勾选后可进行局部渲染
渲染器的选择
设置渲染质量，质量越高，图形越逼真
设置图片的分辨率
进行光线设置
设置日光的方向，可按地域和时间设置
在方案中有人造光时单击此按钮
设置渲染背景图片
对渲染后的图片进行亮度、饱和度、曝光度等调整
将渲染完成的图片保存到电脑中
显示渲染的图片

图 11.5-4　渲染对话框介绍

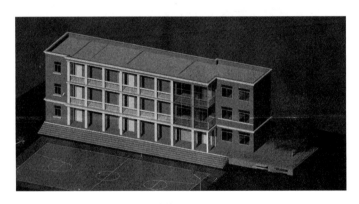

图 11.5-5　渲染图

11.5.3　漫游动画

在 Revit 中还可以使用“漫游”工具制作漫游动画，让项目展示更加身临其境，下面使用“漫游”工具在综合楼项目建筑物的外部创建漫游动画。

(1) 接上一小节练习。切换至 F0 楼层平面视图，单击“视图”选项卡中的“三维视图”工具下拉列表，在列表中选择“漫游”工具，如图 11.5-6 所示。

(2) 在出现的“修改 | 漫游”选项卡中勾选选项栏中的“透视图”选项，设置“偏移量”，即视点的高度为 1750mm，设置基准标高为 F0，如图 11.5-7 所示。

(3) 移动鼠标指针至绘图区域中，如图 11.5-8 所示，依次单击放置漫游路径中关键帧相机位置。在关键帧之间 Revit 将自动创建平滑

三维视图
剖面
默认三维视图
相机
漫游

图 11.5-6　漫游命令

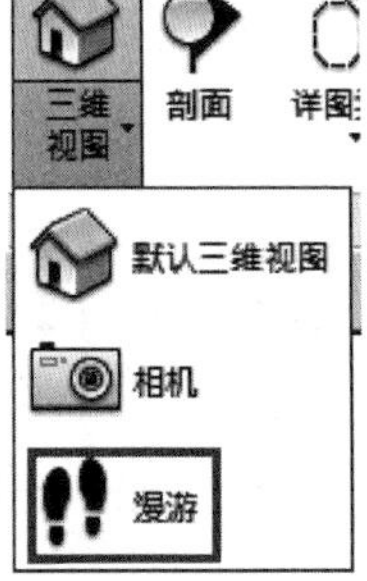

图 11.5-7 漫游选项栏

过渡，同时每一帧也代表一个相机位置，也就是视点的位置。如果某一关键帧的基准标高有变化，可以在绘制关键帧时修改选项栏中的基准标高和偏移值，可形成上下穿梭的漫游效果。完成后按 Esc 键完成漫游路径，Revit 将自动新建"漫游"视图类别，并在该类别下建立"漫游 1"视图。

应注意，如果漫游路径在平面或立面等视图中消失后，可以在项目浏览器中对应的漫游视图名称上单击鼠标右键，从弹出的菜单中选择"显示相机"命令，即可重新显示路径。

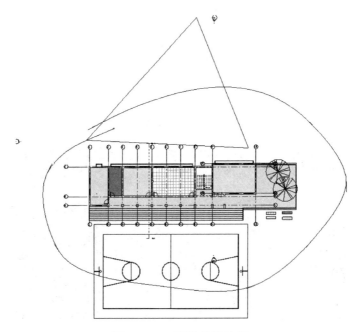

图 11.5-8 漫游路径绘制

（4）路径绘制完毕后，一般还需进行适当的调整。在平面图中选择漫游路径，进入"修改｜相机"选项卡，单击"漫游"面板中的"编辑漫游"工具，漫游路径将变为可编辑状态。如图 11.5-9、图 11.5-10 所示，选项栏中共提供了 4 种方式用于修改漫游路径，分别是控制活动相机、编辑路径、添加关键帧和删除关键帧。

图 11.5-9 编辑漫游

图 11.5-10 漫游编辑面板

（5）在不同的编辑状态下，绘图区域的路径会发生相应变化，如果修改控制方式为"活动相机"，路径会出现红色圆点，表示关键帧呈现相机位置及可视三角范围，如图11.5-11所示。

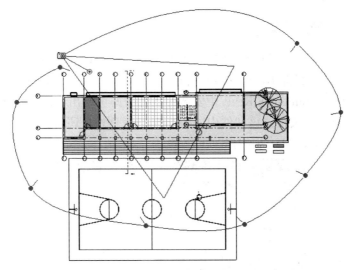

图 11.5-11　关键帧修改

应注意，在"活动相机"编辑状态下，如果位于关键帧时，能够控制相机的视距、目标点高度、位置、视线范围，但对于非关键帧只能控制视距和视线范围。另外请注意，在整个漫游过程中只有一个视距和视线范围，不能对每帧进行单独设置。

（6）如果对漫游路径不满意，可以设置选项栏中的"控制"方式为"路径"，进入路径编辑状态，此时路径会以蓝色圆点表示关键帧。在平面图中拖动关键帧，调整路径在平面上的布局，切换到立面视图中，按住并拖动关键帧夹点调整关键帧的高度，即视点的高度。使用类似的方式，根据项目的需要可以为路径添加或减少关键帧。

（7）打开"实例属性"对话框，单击其他参数分组中"漫游帧"参数后的按钮，打开"漫游帧"对话框。如图11.5-12、图11.5-13所示，可以修改"总帧数"和"帧/秒"值，以调节整个漫游动画的播放时间。漫游动画总时间＝总帧数÷帧率（帧/秒）。

（8）整个路径和参数编辑完成后，切换至漫游视图，选择漫游视图中的剪裁边框，将自动切换至"修改｜相机"选项卡，单击"漫游"面板中的"编辑漫游"按钮，打开漫游控制栏，单击"播放"回放完成的漫游。

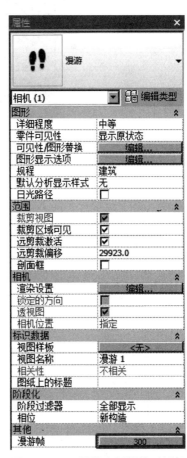

图 11.5-12　漫游实例属性对话框

（9）预览满意后，单击"应用程序菜单"按钮，在列表中选择"导出→漫游和动画→漫游"选项，在出现的对话框中设置导出视频文件的大小和格式，设置完毕后确定保存的路径即可导出漫游动画。

11.5.4 云渲染和导出渲染

Revit 提供了能够满足建筑师需要的基本渲染功能，根据项目的需要它也可以导出到其他软件中进行渲染。目前 Revit 支持较好的渲染软件主要有 Artlantis、3ds Max、Lumion 等。Artlantis、Lumion 在 Revit 中安装好插件后即可导出，而对于 3ds Max 则可以直接导出为 FBX 格式的文件。该文件中除包括模型信息外，还将包括渲染的材质、相机的设置等信息，减少 3ds Max 中的修改工作量。

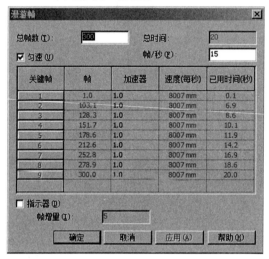

图 11.5-13　漫游帧对话框

参 考 文 献

［1］ 中国建设教育协会，张志远.BIM 建模［M］. 北京：中国建筑工业出版社，2016.

［2］ 王轶群，BIM 技术应用基础［M］. 北京：中国建筑工业出版社，2015.

［3］ 廖小烽，王君峰. Revit2013/2014 建筑设计火星课堂［M］. 北京：中国邮电出版社，2013.

［4］ 王婷，应宇垦. 全国 BIM 技能实操系列教程 Revit2015 初级［M］. 北京：中国电力出版社，2017.

［5］ 何光培，BIM 总论［M］. 北京：中国建筑工业出版社，2011.

［6］ 刘占省，BIM 技术概论［M］. 北京：中国建筑工业出版社，2016.

［7］ 叶雄进，BIM 建模应用技术［M］. 北京：中国建筑工业出版社，2016.

［8］ 王金城，杨新新，刘宝石，Revit2016/2017 参数化入门到精通［M］. 北京：机械工业出版社，2017.

［9］ 曹磊，谭建领，李奎，建筑工程 BIM 技术应用［M］，北京：中国电力出版社，2017.

［10］ 何清华，钱丽丽，段运峰 .BIM 在国内外应用的现状及障碍研究［J］. 工程管理学报，2012，26（1）：12-16.

［11］ 何关培. BIM 和 BIM 相关软件［J］. 土木建筑工程信息技术，2010，02(4)：110-117.

［12］ 贺灵童. BIM 在全球的应用现状［J］. 工程质量，2013，31(3).